土木建筑大类专业系列新形态教材

识读结构施工图

林　芳　马　兵　黄韫佶◎主　编

清華大学出版社
北京

内容简介

本书主要内容包括识读结构施工图准备、混凝土柱平法施工图识读、混凝土梁平法施工图识读、混凝土板平法施工图识读、剪力墙平法施工图识读、基础平法施工图识读、楼梯平法施工图识读，详细讲解了现浇混凝土结构施工图的平法识图规则和标准配筋构造。本书理论与实践相结合，并紧密联系“1+X”“建筑工程识图”“工程造价数字化应用”职业技能等级证书的考核内容以及建筑钢筋工岗位技能要求，为读者尽快适应建筑设计、施工、造价和工程管理部门普遍应用平法的工作环境提供了极大的帮助。

本书可作为职业院校建筑类专业教材，也可供结构设计人员、施工技术人员、工程管理人员、工程造价人员及其他对平法技术有兴趣的读者学习参考。

图书在版编目(CIP)数据

识读结构施工图/林芳，马兵，黄韫佶主编. —北京：清华大学出版社，2024.3
土木建筑大类专业系列新形态教材
ISBN 978-7-302-65204-5

Ⅰ.①识… Ⅱ.①林… ②马… ③黄… Ⅲ.①建筑结构－建筑制图－识图－教材 Ⅳ.①TU204

中国国家版本馆 CIP 数据核字(2024)第 024938 号

责任编辑：杜　晓
封面设计：曹　来
责任校对：李　梅
责任印制：宋　林

出版发行：清华大学出版社
网　　址：https://www.tup.com.cn，https://www.wqxuetang.com
地　　址：北京清华大学学研大厦 A 座　　邮　　编：100084
社 总 机：010-83470000　　邮　　购：010-62786544
投稿与读者服务：010-62776969，c-service@tup.tsinghua.edu.cn
质量反馈：010-62772015，zhiliang@tup.tsinghua.edu.cn
课件下载：https://www.tup.com.cn，010-83470410
印 装 者：三河市龙大印装有限公司
经　　销：全国新华书店
开　　本：185mm×260mm　　印　　张：9.25　　字　　数：207 千字
版　　次：2024 年 3 月第 1 版　　印　　次：2024 年 3 月第 1 次印刷
定　　价：46.00 元

产品编号：099307-01

前 言

本书以《国家建筑标准设计图集》22G101-1、22G101-2、22G101-3和现行《混凝土结构设计规范》(GB 50010—2010)(2015年版)等规范为基础，以建筑工程识图职业技能等级证书、工程造价数字化应用职业技能等级证书等的考核标准为依据，结合建筑钢筋工岗位技能要求编写完成。本书共7个项目，分别讲解了现浇混凝土结构施工图中的柱、梁、板、剪力墙、楼梯及基础的平法识图规则和标准配筋构造。编写时采纳了工程一线技术人员的意见和建议，将理论与实践相结合，内容系统、实用性强。

本书为江苏城乡建设职业学院工程造价省级高水平专业群立项建设项目(项目编号：ZJQT21002302)。本书由江苏城乡建设职业学院林芳、马兵、黄韫佶主编，江苏城乡建设职业学院孙怀忠、王茜参与编写。具体编写分工如下：林芳负责编写项目1～3；马兵负责编写项目4和项目7；黄韫佶负责编写项目5；孙怀忠和王茜负责编写项目6。全书由林芳统稿。感谢常州市第一建筑集团有限公司技术中心常务副主任、高级工程师周燕峰对本书的技术支持。一砖一瓦科技有限公司为本书提供了典型案例，在此深表谢意。

本书在编写过程中参考了大量文献资料，在此向作者表示感谢。由于编者的学识与经验有限，本书难免存有不足之处，敬请广大读者批评指正。

编　者

2023年11月

目录

项目1 识读结构施工图准备

教学目标

1. 了解平法的定义、设计依据、适用范围。
2. 熟悉混凝土结构的环境类别、保护层、钢筋的连接方式。
3. 掌握并能灵活选用通用标准构造。

任务驱动

建筑结构施工图平面整体设计方法(简称平法)对我国混凝土结构施工图的设计表示方法做了重大改革。平法的表达形式,概括来讲就是把结构构件的尺寸和配筋等,按照平面整体表示方法制图规则,整体直接表达在各类构件的结构平面布置图上,再与标准构造详图相配合,即构成一套新型、完整的结构设计图。平法改变了传统的将构件从结构平面布置图中索引出来,再逐个绘制配筋详图、画出钢筋表的烦琐方法。

任务1.1 平法施工图概述

1.1.1 平法的概念

按平法设计绘制的施工图,一般由各类结构构件的平法施工图和标准构造详图两大部分构成,但对于复杂的工业与民用建筑,尚需增加模板、预埋件和开洞等平面图。只有在特殊情况下才需要增加剖面配筋图。

按平法设计绘制结构施工图时,应明确下列内容。

(1) 必须根据具体工程设计,按照各类构件的平法制图规则,在按结构(标准)层绘制的平面布置图上直接表示各构件的配筋、尺寸和所选用的标准构造详图。出图时,宜按基础、柱、剪力墙、梁、板、楼梯及其他构件的顺序排列。

(2) 应将所有构件进行编号,编号中含有类型代号和序号等。其中,类型代号的主要作用是指明所选用的标准构造详图,在标准构造详图上,已经按其所属构件类型注明代号,以明确该详图与平法施工图中相同构件的互补关系,使两者结合构成完整的结构设计图。

(3) 需用表格或其他方式注明包括地下和地上各层的结构层楼(地)面标高、结构层高及相应的结构层号。在单项工程中其结构层楼(地)面标高和结构层高必须统一,以确保基础、柱与墙、梁、板等用同一标准竖向定位。为了便于施工,应将统一的结构层楼(地)面标高和结构层高分别放在柱、墙、梁等各类构件的平法施工图中。

注意：结构层楼(地)面标高是指将建筑图中的各层地面和楼面标高值扣除建筑面层及垫层做法厚度后的标高，结构层号应与建筑楼面层号对应一致。

(4) 按平法设计绘制施工图，为了保证施工员准确无误地按平法施工图进行施工，在具体工程的结构设计总说明中必须写明下列与平法施工图密切相关的内容。

① 选用平法标准图的图集号；

② 混凝土结构的使用年限；

③ 有无抗震设防要求；

④ 注明各类构件在其所在部位选用混凝土的强度等级和钢筋级别，以确定相应纵向受拉钢筋的最小搭接长度及最小锚固长度等；

⑤ 注明柱纵筋、墙身分布筋、梁上部贯通筋等在具体工程中需接长时所采用的接头形式及有关要求。必要时，尚应注明对钢筋的性能要求；

⑥ 当标准构造详图有多种可选择的构造做法时，应注明在何部位选用何种构造做法。没有注明时，则为设计人员自动授权施工员任选一种构造做法进行施工；

⑦ 对混凝土保护层厚度有特殊要求时，应注明不同部位的构件所处的环境类别。在平面布置图上表示各构件配筋和尺寸的方式，分为平面注写方式、截面注写方式和列表注写方式三种。

1.1.2 平法的特点

经过二十多年的实践，平法的理论与方法体系已经非常成熟。平法主要有以下六大优点。

1. 掌握全局

平法使设计者容易进行平衡调整，易校审，易修改，改图可不牵连其他构件，易控制设计质量；平法既能适应业主分阶段分层按图施工的要求，也能适应在主体结构开始施工后又进行大幅度调整的特殊情况。平法按结构层设计的图纸与水平逐层施工的顺序完全一致，对标准层可实现单张图纸施工，施工工程师对结构比较容易形成整体概念，有利于施工质量管理。平法采用标准化的构造详图，形象、直观，施工时易操作。

2. 简单

平法采用标准化的设计制图规则，结构施工图表达符号化、数字化，单张图纸的信息量较大并且集中；构件分类明确，层次清晰，表达准确，设计速度快，效率成倍提高。

3. 专业

标准构造详图集国内较可靠、成熟的常规节点构造之大成，集中分类归纳后编制成国家建筑标准设计图集供设计选用，以避免反复抄袭构造做法及伴生的设计失误，确保节点构造在设计与施工两个方面均达到高质量。另外，平法对节点构造的研究、设计和施工实现专门化提出了更高的要求。

4. 高效率

平法大幅度提高了设计效率，能快速解放生产力，迅速缓解基本建设高峰时期结构设计人员紧缺的局面。在推广平法比较早的建筑设计院，结构设计人员与建筑设计人员的比例已发生明显改变，结构设计人员在数量上已经低于建筑设计人员，有些设计院结构设计人员只是建筑设计人员的1/4～1/2，结构设计周期明显缩短，结构设计人员的工作强度显著降低。

5. 低能耗

平法大幅度降低了设计消耗和设计成本，节约了自然资源。平法施工图是定量化、有序化的设计图纸，与其配套使用的标准设计图集可以重复使用，与传统设计方法相比，图纸量减少了70%左右，综合设计工日减少了2/3以上，每十万平方米设计面积可降低设计成本27万元，在节约人力资源的同时还节约了自然资源。

6. 改变用人结构

平法促进人才分布格局的改变，影响了建筑结构领域的人才结构。设计单位对工民建专业大学毕业生的需求量已经明显减少，为施工单位招聘结构人才留出了相当大的空间，大量工民建专业毕业生到施工部门择业逐渐成为普遍现象，人才流向发生了比较明显的转变，人才分布趋向合理。随着时间的推移，高校培养的大批土建高级技术人才必将对施工建设领域的科技进步产生积极作用。平法促进结构设计水平的提高，促进设计院内的人才竞争。设计单位对年度毕业生的需求有限，形成了人才的就业竞争，比较优秀的人才才有更多机会进入设计单位，长此以往，可有效提高结构设计队伍的整体素质。

1.1.3 平法制图与传统图示方法的区别

平法制图与传统图示方法有以下区别。

(1) 框架图中的梁和柱，在平法制图中，施工图中只绘制梁、柱平面图，不绘制梁、柱中配置钢筋的立面图(梁不画截面图；柱在其平面图上，只按编号不同各取一个，在原位放大画出带有钢筋配置的柱截面图)。

(2) 传统的框架图中既画梁、柱平面图，也绘制梁、柱中配置钢筋的立面图及其截面图；但在平法制图中，这些图省略不画，只需查阅《混凝土结构施工图平面整体表示方法制图规则和构造详图》即可。

(3) 传统的混凝土结构施工图，可以直接从其绘制的详图中读取钢筋配置尺寸，而平法制图则需要查找《混凝土结构施工图平面整体表示方法制图规则和构造详图》中相应的详图，且钢筋的大小尺寸和配置尺寸均以相关尺寸(跨度、钢筋直径、搭接长度、锚固长度等)为变量的函数来表达，而不是具体数字，从而实现了标准图的通用性。概括地说，平法制图简化了混凝土结构施工图的内容。

(4) 柱与剪力墙的平法制图均以施工图列表注写方式，表达其相关规格与尺寸。

(5) 平法制图的突出特点表现在梁的“原位标注”和“集中标注”上。“原位标注”概括地说分为两种：标注在柱子附近，且在梁上方的钢筋，承受负弯矩，其钢筋布置在梁的上部；标注在梁中间且下方的钢筋，承受正弯矩，其钢筋布置在梁的下部。“集中标注”是从梁平面图的梁处引铅垂线至图的上方，注写梁的编号、挑梁类型、跨数、截面尺寸、箍筋直径、箍筋肢数、箍筋间距、梁侧面纵向构造钢筋或受扭钢筋的直径和根数、通长筋的直径和根数等。如果“集中标注”中有通长筋时，则“原位标注”中的负筋数包含通长筋的根数。

(6) 在传统的混凝土结构施工图中，计算斜截面的抗剪强度时，在梁中配置45°或60°的弯起钢筋。在平法制图中，梁由加密的箍筋承受其斜截面的抗剪强度。

1.1.4 应用平法的注意事项

应用平法顾名思义，主要是平面尺寸，但竖向尺寸也很重要。在竖向尺寸中，首先是层高。一些竖向的构件，如剪力墙、框架柱等，都与层高有密切的关系。结构层高是指本层现浇楼板上表面到上一层的现浇楼板上表面的高度。建筑层高是指从本层地面到上一层地面的高度。如果各楼层的地面做法一致，则各楼层的结构层高与建筑层高也是一致的。

需要注意的是，某些特殊的层高要特别关注。当有地下室时，地下室的层高就是筏板上表面到地下室顶板的高度，一层的层高就是地下室顶板到一层顶板的高度。

但是，如果不存在地下室，计算一层的层高就不是如此简单的事情了。建筑图纸所标注的一层层高是从±0.000到一层顶板的高度，但要计算一层层高，就不能采用这个高度。正确的算法是：没有地下室时的一层层高，是从筏板上表面到一层顶板的高度。

竖向尺寸还表现在一些标高标注上，例如，剪力墙洞口的中心标高标注为－1.700，表示该洞口的中心标高比楼面标高(即顶板上表面)低1.700m。

梁集中标注的梁顶相对标高高差，就是梁顶面的标高与楼面标高的高差。如果标注的梁顶相对标高高差为－0.200，则表示梁顶比楼面标高低0.200m；如果此项未标注，则表示梁顶与楼面标高齐平。

任务1.2 混凝土结构类型及常用材料

建筑结构是指建筑物中用来承受荷载和其他间接作用(如温度变化引起的伸缩、地基不均匀沉降等)并起骨架作用的体系。在房屋建筑中，组成结构的构件有基础、柱、墙、梁、板、屋架等。

1.2.1 混凝土结构分类

混凝土结构是以混凝土为主要材料的结构，具有强度高、耐久性好、耐火性好、可模性好、整体性好、易于就地取材等优点，缺点是自重大、抗拉强度低。混凝土结构已成为应用最普遍的结构形式，广泛应用于住宅、厂房、办公楼等多层和高层建筑，也大量应用于桥梁、水利等工程。

混凝土结构根据承重体系不同，可分为框架结构、剪力墙结构、框架—剪力墙结构、框支剪力墙结构、筒体结构等。

1. 框架结构

框架结构是指由梁和柱刚接相连而成的承重体系结构。框架结构在建筑上能够提供较大的空间，平面布置灵活。框架结构在竖向荷载作用下，框架梁主要承受弯矩和剪力，框架柱主要承受轴力和弯矩，在水平荷载作用下，表现出刚度小、水平侧移大的特点。在抗震设防区，由于地震作用大于风荷载，框架结构的层数要比非地震设防地区层数少，如图 1-1 所示。

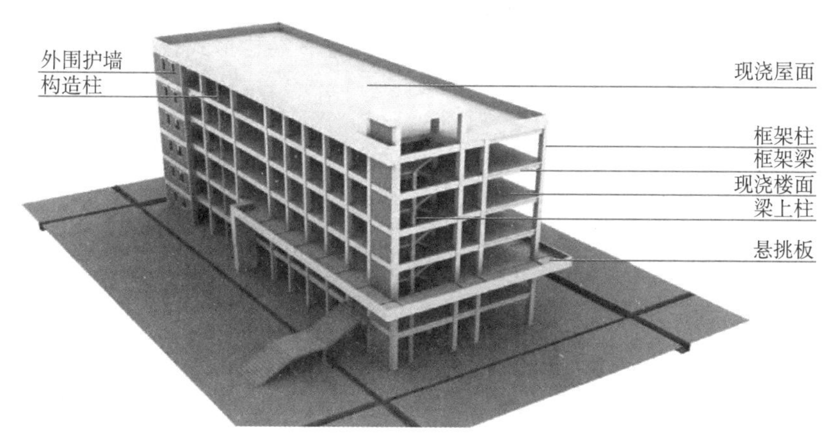

图 1-1 框架结构

2. 剪力墙结构

采用钢筋混凝土墙体作为承受水平荷载及竖向荷载的结构体系，称为剪力墙结构。由于剪力墙墙体同时也作为房屋的围护和分隔构件，限制了房屋空间的利用，布置不够灵活，因此适用于较小开间的建筑，广泛应用于住宅、公寓和旅馆等建筑。

现浇钢筋混凝土剪力墙结构整体性好，刚度大，墙体既承担水平构件传来的竖向荷载，也承担风力或地震作用传来的水平荷载，在水平荷载作用下水平侧向变形小，比框架结构有更好的抗侧能力，可建造较高的建筑物，如图 1-2 所示。

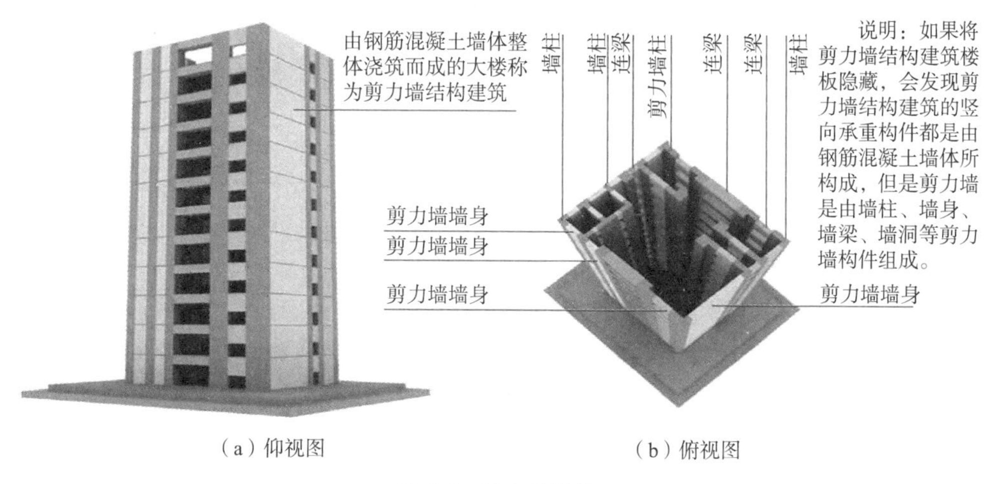

（a）仰视图 （b）俯视图

图 1-2 剪力墙结构

3. 框架—剪力墙结构

在框架结构中设置部分剪力墙，使框架和剪力墙结合起来，取长补短，共同承受竖向和水平荷载作用，这种体系称为框架—剪力墙结构。采用这种结构体系，空间布置较为灵活，还可将楼梯间、电梯间和管道通道做成剪力墙，相连形成框架—剪力墙—筒体结构，建筑的承载能力、侧向刚度和抗扭能力都比单片剪力墙有较大的提高。

框架—剪力墙结构中，由于剪力墙刚度较大，剪力墙会承受大部分水平荷载，是抗御水平地震作用及风荷载的主体；框架柱承受竖向荷载，可较大地提高使用空间，同时也承受部分水平荷载。两者协同工作，承载力大大提高，因此这种结构形式可用来建造较高的建筑。

1.2.2 混凝土结构构件关系

绘制图纸前厘清建筑物各个结构构件的关系非常重要，各构件有相关联的支座，整个系统有明确的层次性、关联性、相对完整性。

主要构件通常有基础、柱、墙、梁、板、楼梯等构件。各构件之间的关联性如下：柱、墙与基础关联，柱、墙以基础为支座；梁与柱关联，梁以柱为支座；板与梁关联，板以梁为支座。

1.2.3 混凝土结构常用材料

1. 混凝土

混凝土按标准抗压强度(以边长 150mm 的立方体为标准试件，在标准养护条件下养护 28 天，按照标准试验方法测得的具有 95%保证率的立方体抗压强度)划分强度等级，共划分为 13 个等级，如表 1-1 所示，数值越大，表示混凝土的抗压强度越高。混凝土的抗拉强度比抗压强度低得多，一般为抗压强度的 1/20～1/10 不等。C60 以上为高强度混凝土。

实际工程中的普通混凝土受弯构件，如梁、板等，多采用 C25～C30；普通混凝土受压构件，如柱、剪力墙等，多采用 C30～C40；预应力混凝土构件多采用 C30～C65。

表 1-1 混凝土强度等级对照表

强度种类		混凝土强度等级												
		C20	C25	C30	C35	C40	C45	C50	C55	C60	C65	C70	C75	C80
标准值	抗压强度 f_{ck}/(N/mm^2)	13.4	16.7	20.1	23.4	26.8	29.6	32.4	35.5	38.5	41.5	44.5	47.4	50.2
	抗拉强度 f_{tk}/(N/mm^2)	1.54	1.78	2.01	2.20	2.39	2.51	2.64	2.74	2.85	2.93	2.99	3.05	3.11

2. 钢筋

1) 钢筋的受力分类

钢筋混凝土构件中的钢筋按其作用可分为受力筋、架立筋、箍筋、分布筋和构造筋。

受力筋：主要承受拉力或压力的钢筋，配置于梁、柱、板等各种钢筋混凝土构件中。

架立筋：一般只在梁中使用，与受力筋、箍筋一起形成钢筋骨架，用以固定箍筋位置。

箍筋：多配置于梁、柱内，用以固定受力筋及承受剪应力。

分布筋：一般用于板内，与受力筋垂直，用以固定受力筋，并与受力筋一起构成钢筋网，将力均匀分布给受力筋。另外，还有抵抗热胀冷缩所引起的温度变形的作用。

构造筋：因构件在构造上的要求或施工安装需要而配置的钢筋。例如，板支座处的顶部所加的构造筋属于前者，预制板的吊环则属于后者。

2) 钢筋的品种和符号

钢筋可分为普通钢筋和预应力钢筋。

钢筋的牌号、符号、直径和强度见表1-2。

表1-2　钢筋的牌号、符号、直径和强度

牌　号	符号	公称直径/d(mm)	屈服强度标准值/f_{yk}(N/mm^2)	极限强度标准值/f_{syk}(N/mm^2)
HPB300	Φ	6～14	300	420
HRB400 HRBF400 RRB400	Φ Φ^F Φ^R	6～50	400	540
HRB500 HRBF500	Φ Φ^F	6～50	500	630

注：H为热轧钢筋；P为光圆钢筋；R为带肋钢筋；F为细晶粒钢筋。

从外观上看，普通钢筋有光圆钢筋和带肋钢筋之分。其中HPB300为热轧光圆钢筋，HRB400、HRBF400、HRB500和HRBF500为热轧带肋钢筋，RRB400为余热处理钢筋。

同一混凝土构件中，同一部位纵向受力钢筋应该采用同一牌号。

3）施工中的钢筋代换原则

在工程中由于材料供应等原因，往往需要对构件中的受力钢筋进行代换。钢筋代换不可以简单采用等面积代换或大直径代换，特别是在有抗震设防要求的框架梁、柱、剪力墙的边缘构件等部位，当代换后的纵向钢筋总承载力设计值大于原设计纵向钢筋总承载力设计值时，会造成薄弱部位的转移，以及构件在有影响的部位发生混凝土的脆性破坏（混凝土压碎、剪切破坏等），对结构并不安全。

钢筋代换不是等面积代换，而是等强度代换，简称等强代换。当需要进行钢筋代换时，应办理设计变更文件。钢筋代换主要包括钢筋的品种、级别、规格、数量等的改变。

任务1.3　混凝土结构的环境类别

影响混凝土结构耐久性最重要的因素就是环境，环境类别根据其对混凝土结构耐久性的影响而确定。混凝土结构环境类别的划分主要是为了方便混凝土结构正常使用极限状态的验算和耐久性设计。环境类别如表1-3所示。

表1-3　混凝土结构的环境类别

环境类别	条　　件
一	室内干燥环境；无侵蚀性静水浸没环境
二a	室内潮湿环境；非严寒和非寒冷地区的露天环境；非严寒和非寒冷地区与无侵蚀性水或土壤直接接触的环境；严寒或寒冷地区的冰冻线以下与无侵蚀性的水或土壤直接接触的环境
二b	干湿交替环境；水位频繁变动环境；严寒地区和寒冷地区的露天环境；严寒地区和寒冷地区冰冻线以上与无侵蚀性的水或土壤直接接触的环境

续表

环境类别	条　　件
三 a	严寒地区和寒冷地区水位变动区环境;受除冰盐影响的环境;海风环境
三 b	盐渍土环境;受除冰盐作用环境;海岸环境
四	海水环境
五	受人为或自然的侵蚀性物质影响的环境

注:① 室内潮湿环境是指构件表面经常处于结露或湿润状态的环境。

② 严寒或寒冷地区的划分应符合现行国家标准《民用建筑热工设计规范》(GB 50176—2016)的有关规定。

③ 海岸环境和海风环境宜根据当地情况,考虑主导风向及结构所处迎风、背风部位等因素的影响,由调查研究和工程经验确定。

④ 受除冰盐影响环境是指受到除冰盐、盐雾影响的环境;受除冰盐作用环境是指被除冰盐溶液溅射的环境以及使用除冰盐地区的洗车房、停车楼等建筑。

⑤ 混凝土结构的环境类别是指混凝土暴露表面所处的环境条件。

任务 1.4　钢筋的混凝土保护层厚度

1.4.1　混凝土保护层的作用

钢筋的混凝土保护层厚度是指最外层钢筋外边缘至混凝土表面的距离。梁的钢筋保护层的厚度是指箍筋外表面至梁表面的距离,如图 1-3 所示。混凝土保护层的作用如下。

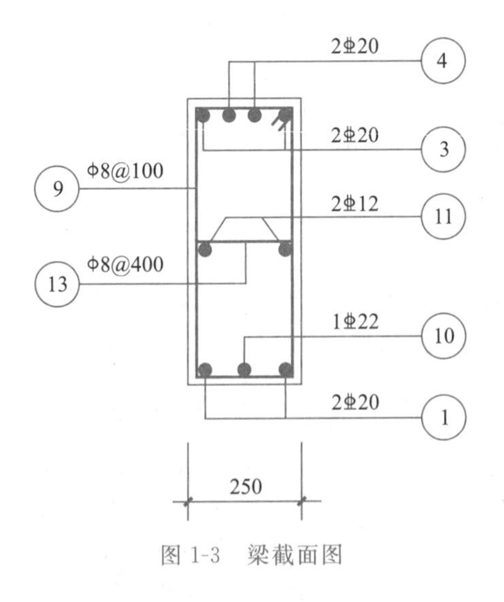

图 1-3　梁截面图

1. 保证混凝土与钢筋之间的握裹力,确保结构受力性能和承载力

混凝土与钢筋两种不同性质的材料共同工作,是保证结构构件承载力和结构性能的基本条件。混凝土是抗压性能较好的脆性材料,钢筋是抗拉性能较好的延性材料,这两种材

料的抗压、抗拉性能相结合，构成了具有抗压、抗拉、抗弯、抗剪、抗扭等结构性能的各种结构形式建筑物或构筑物。

混凝土与钢筋共同工作的条件是混凝土与钢筋之间足够的握裹力。握裹力由黏结力、摩擦力、咬合力和机械锚固力构成。

2. 保护钢筋不锈蚀，确保结构安全性和耐久性

混凝土中钢筋的锈蚀是一个相当漫长的过程。钢筋因受到外界介质的化学作用或电化学作用而被逐渐破坏的现象，称为锈蚀。钢筋锈蚀不仅使截面有效面积减小、性能降低甚至报废，而且由于产生锈坑，还可造成应力集中，加速结构的破坏。尤其在冲击荷载、循环交变荷载作用下，会产生锈蚀疲劳现象，使钢筋疲劳强度大大降低，甚至出现脆性断裂。在混凝土中，钢筋锈蚀会使混凝土开裂，降低对钢筋的握裹力。

混凝土保护层对钢筋具有保护作用，同时混凝土中水泥水化的高碱度使被包裹在混凝土构件中的钢筋表面形成钝化保护膜(简称钝化膜)，是混凝土能够保护钢筋的主要因素和基本条件。

1.4.2 混凝土保护层最小厚度的规定

混凝土保护层的最小厚度见表1-4。

表1-4 混凝土保护层的最小厚度 单位：mm

环境类别	板、墙	梁、柱
一	15	20
二a	20	25
二b	25	35
三a	30	40
三b	40	50

注：① 表中混凝土保护层厚度指最外层钢筋边缘至混凝土表面的距离，适用于设计使用年限50年的混凝土结构。

② 构件中受力钢筋的保护层厚度不应小于钢筋的公称直径。

③ 一类环境中，设计使用年限为100年的最外层钢筋的混凝土保护层厚度不应小于表中数值的1.4倍；二、三类环境中，设计使用年限为100年的结构应采取专门的有效措施。四类和五类环境类别的混凝土结构，其耐久性要求应符合国家现行有关标准的规定。

④ 混凝土强度等级为C25时，表中混凝土保护层厚度数值应增加5mm。

⑤ 基础底面钢筋的保护层厚度，有混凝土垫层时应从垫层顶面算起，且不应小于40mm。

梁、柱、剪力墙和板的保护层厚度示意见图1-4。当保护层厚度大于50mm时应配置防裂、防剥落的钢筋网片构造。

使用表1-4求构件的保护层最小厚度时，注意不要忽略表格下方的文字说明，这些文字说明和表1-4是不可分割的一个整体。本书其余表格下方的注，意义也是如此。

使用表1-4时，环境类别、结构构件类别、设计使用年限、混凝土强度、受力钢筋的公称直径等因素不可忽略。

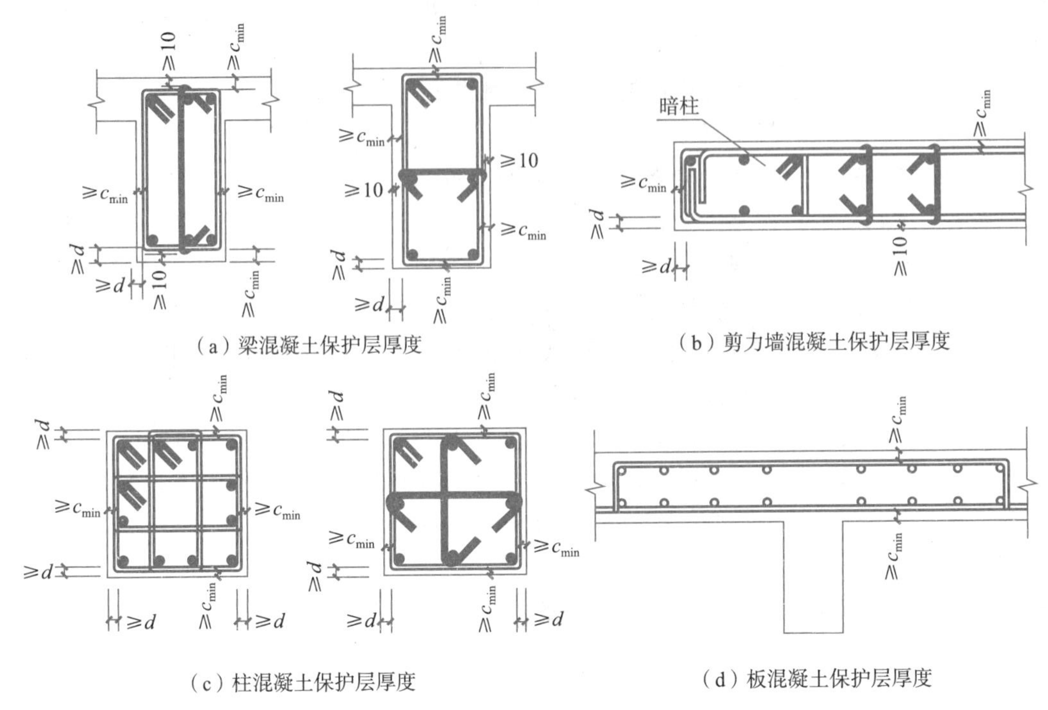

(a) 梁混凝土保护层厚度　　(b) 剪力墙混凝土保护层厚度

(c) 柱混凝土保护层厚度　　(d) 板混凝土保护层厚度

图 1-4　梁、剪力墙、柱和板的保护层厚度示意图

任务 1.5　受拉钢筋的锚固长度

在受力过程中,受力钢筋可能会产生滑移,甚至会从混凝土中拔出而造成锚固破坏。为防止此类现象发生,可将受力钢筋在混凝土中锚固一定的长度,这个长度称为锚固长度。

1. 受拉钢筋的锚固长度

《混凝土结构设计规范》(GB 50010—2010)(2015 年版)中关于受拉钢筋锚固包括基本锚固长度 l_{ab}、锚固长度 l_a、抗震基本锚固长度 l_{abE} 和抗震锚固长度 l_{aE}。其中 l_a、l_{aE} 用于钢筋直锚或总锚固长度情况,l_{ab}、l_{abE} 用于钢筋弯折锚固或机械锚固情况。

受拉钢筋基本锚固长度 l_{ab}、l_{abE} 是根据拔出实验,考虑钢筋种类、抗震等级和混凝土强度等级确定的。不同情况下受拉钢筋的锚固长度,分别见表 1-5 和表 1-6。22G101 图集给出了各种情况下的锚固长度。

表 1-5　受拉钢筋基本锚固长度 l_{ab}

钢筋种类	混凝土强度等级							
	C25	C30	C35	C40	C45	C50	C55	≥C60
HPB300	34d	30d	28d	25d	24d	23d	22d	21d
HRB400、HRBF400、RRB400	40d	35d	32d	29d	28d	27d	26d	25d
HRB500、HRBF500	48d	43d	39d	36d	34d	32d	31d	30d

表 1-6　抗震设计时受拉钢筋基本锚固长度 l_{abE}

钢筋种类及抗震等级		混凝土强度等级							
		C25	C30	C35	C40	C45	C50	C55	≥C60
HPB300	一、二级	39*d*	35*d*	32*d*	29*d*	28*d*	26*d*	25*d*	24*d*
	三级	36*d*	32*d*	29*d*	26*d*	25*d*	24*d*	23*d*	22*d*
HRB400 HRBF400	一、二级	46*d*	40*d*	37*d*	33*d*	32*d*	31*d*	30*d*	29*d*
	三级	42*d*	37*d*	34*d*	30*d*	29*d*	28*d*	27*d*	26*d*
HRB500 HRBF500	一、二级	55*d*	49*d*	45*d*	41*d*	39*d*	37*d*	36*d*	35*d*
	三级	50*d*	45*d*	41*d*	38*d*	36*d*	34*d*	33*d*	32*d*

注：① 四级抗震时，$l_{abE}=l_{ab}$；

② 当锚固钢筋的保护层厚度不大于 5*d* 时，锚固钢筋长度范围内应设置横向构造钢筋，其直径不应小于 *d*/4(*d* 为锚固钢筋的最大直径)；对梁、柱等构件间距不应大于 5*d*，对板、墙等构件间距不应大于 10*d*，且均不应大于 100(*d* 为锚固钢筋的最小直径)。

为方便具体工程中的应用，受拉钢筋的锚固长度 l_a 和受拉钢筋抗震锚固长度 l_{aE} 可直接查表 1-7 和表 1-8 得到。

2. 纵向受拉钢筋弯钩锚固和机械锚固形式

弯钩和机械锚固主要利用受力钢筋端部锚头(弯钩、焊接锚板或螺栓锚头)对混凝土的局部挤压作用加大锚固承载力，可以有效减小锚固长度。采用弯钩或机械锚固后，包括弯钩或锚固端头在内的锚固长度(投影长度)可取 $\geq 0.6l_{abE}$ $(0.6l_{ab})$。钢筋弯钩锚固和机械锚固的具体形式见图 1-5。

弯钩锚固有以下几种形式。

(1) 末端带 90°弯钩形式：当上部存在压力(如中间层框架节点)时，包括弯钩或锚固端头在内的锚固长度(投影长度)可取 $\geq 0.4l_{abE}$ $(0.4l_{ab})$。当用于截面侧边、角部偏置锚固时，端头弯钩应向截面内侧偏斜。

(2) 末端带 135°弯钩形式：建议用于非框架梁、板支座节点处的锚固。当用于截面侧边、角部偏置锚固时，端头弯钩应向截面内侧偏斜。

(3) 末端与钢板穿孔塞焊及末端带螺栓锚头的形式：可用于任何情况，但需注意螺栓锚头和焊接钢板(钢筋锚固板)的承压面积不应小于锚固钢筋截面的 4 倍，且应满足间距要求，钢筋净距小于 4*d* 时应考虑群锚效应的不利影响。钢筋锚固板的规格和性能应符合现行行业标准《钢筋锚固板应用技术规程》(JGJ 256—2011)的有关规定。

(4) 500MPa 级带肋钢筋末端采用弯钩锚固措施时，当直径 $d<25$mm 时，钢筋弯折的弯弧内直径不应小于钢筋直径的 6 倍；当直径 $d>25$mm 时，不应小于钢筋直径的 7 倍。

表 1-7　受拉钢筋锚固长度 l_a

钢筋种类	混凝土强度等级															
	C25		C30		C35		C40		C45		C50		C55		≥C60	
	$d\leqslant25$	$d>25$	$d\leqslant25$	$d>25$	$d\leqslant25$	$d>25$	$d\leqslant25$	$d>25$	$d\leqslant25$	$d>25$	$d\leqslant25$	$d>25$	$d\leqslant25$	$d>25$	$d\leqslant25$	$d>25$
HPB300	$34d$	—	$30d$	—	$28d$	—	$25d$	—	$24d$	—	$23d$	—	$22d$	—	$21d$	—
HRB400、HRBF400、RRB400	$40d$	$44d$	$35d$	$39d$	$32d$	$35d$	$29d$	$32d$	$28d$	$31d$	$27d$	$30d$	$26d$	$29d$	$25d$	$28d$
HRB500、HRBF500	$48d$	$53d$	$43d$	$47d$	$39d$	$43d$	$36d$	$40d$	$34d$	$37d$	$32d$	$35d$	$31d$	$34d$	$30d$	$33d$

表 1-8　受拉钢筋抗震锚固长度 l_{aE}

钢筋种类及抗震等级		混凝土强度等级															
		C25		C30		C35		C40		C45		C50		C55		≥C60	
		$d\leqslant25$	$d>25$	$d\leqslant25$	$d>25$	$d\leqslant25$	$d>25$	$d\leqslant25$	$d>25$	$d\leqslant25$	$d>25$	$d\leqslant25$	$d>25$	$d\leqslant25$	$d>25$	$d\leqslant25$	$d>25$
HPB300	一、二级	$39d$	—	$35d$	—	$32d$	—	$29d$	—	$28d$	—	$26d$	—	$25d$	—	$24d$	—
	三级	$36d$	—	$32d$	—	$29d$	—	$26d$	—	$25d$	—	$24d$	—	$23d$	—	$22d$	—
HRB400、HRBF400	一、二级	$46d$	$51d$	$40d$	$45d$	$37d$	$40d$	$33d$	$37d$	$32d$	$36d$	$31d$	$35d$	$30d$	$33d$	$29d$	$32d$
	三级	$42d$	$46d$	$37d$	$41d$	$34d$	$37d$	$30d$	$34d$	$29d$	$33d$	$28d$	$32d$	$27d$	$30d$	$26d$	$29d$
HRB500、HRBF500	一、二级	$55d$	$61d$	$49d$	$54d$	$45d$	$49d$	$41d$	$46d$	$39d$	$43d$	$37d$	$40d$	$36d$	$39d$	$35d$	$38d$
	三级	$50d$	$56d$	$45d$	$49d$	$41d$	$45d$	$38d$	$42d$	$36d$	$39d$	$34d$	$37d$	$33d$	$36d$	$32d$	$35d$

注：① 当为环氧树脂涂层带肋钢筋时，表中数据尚应乘以 1.25。

② 当纵向受拉钢筋在施工过程中易受扰动时，表中数据尚应乘以 1.1。

③ 当锚固长度范围内纵向受力钢筋周边保护层厚度为 $3d$、$5d$（d 为锚固钢筋的直径）时，表中数据可分别乘以 0.8、0.7；中间时按插值取值。

④ 当纵向受拉普通钢筋锚固长度修正系数（注①～注③）多于一项时，可按连乘计算。

⑤ 受拉钢筋的锚固长度 l_a、l_{aE} 计算值不应小于 200。

⑥ 四级抗震时，$l_{aE}=l_a$。

⑦ 当锚固钢筋的保护层厚度不大于 $5d$ 时，锚固钢筋长度范围内应设置横向构造钢筋，其直径不应小于 $d/4$（d 为锚固钢筋的最大直径）；对梁、柱等构件间距不应大于 $5d$，对板、墙等构件间距不应大于 $10d$，且均不应大于 100（d 为锚固钢筋的最小直径）。

⑧ HPB300 级钢筋末端应做 180°弯钩。

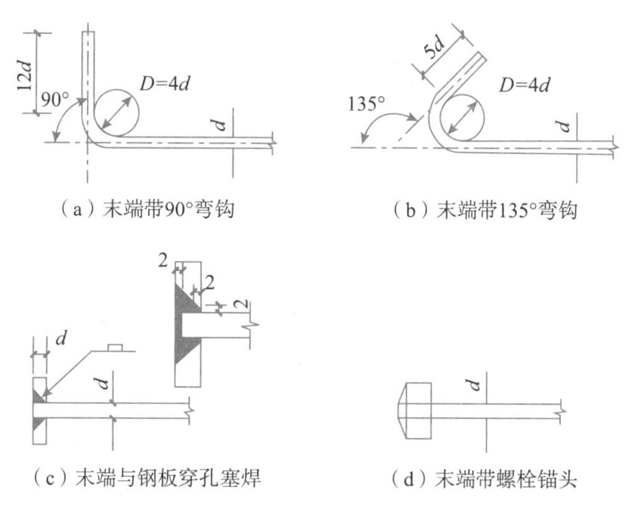

（a）末端带90°弯钩　（b）末端带135°弯钩

（c）末端与钢板穿孔塞焊　（d）末端带螺栓锚头

图 1-5　纵向钢筋弯钩锚固与机械锚固形式

任务 1.6　钢筋的连接

当钢筋长度不能满足混凝土构件的长度要求时，钢筋需要接长。钢筋的连接方式有三种：绑扎搭接、机械连接和焊接连接。这三种连接方式的原理及优缺点见表 1-9。

表 1-9　绑扎搭接、机械连接和焊接连接的原理及优缺点

类型	原　理	优　点	缺　点
绑扎搭接	利用钢筋与混凝土之间的黏结锚固作用实现传力	应用广泛，连接形式简单	对于直径比较粗的受力钢筋，绑扎搭接长度较长，施工不方便，且连接区域容易发生过宽的裂缝
机械连接	利用钢筋与连接件的机械咬合作用或钢筋端面的承压作用实现钢筋连接	比较简单、可靠	机械连接接头连接件的混凝土保护层厚度以及连接件间的横向净距会减小
焊接连接	利用热融化金属实现钢筋连接	节省钢筋，接头成本低	焊接接头由于人工操作的差异，连接质量不稳定

1.6.1　纵向受力钢筋的绑扎搭接

纵向受力钢筋的绑扎搭接通常采用将两根钢筋并在一起用细铁丝绑扎的工艺，是钢筋连接最常见的方式之一。此方法具有施工操作简单的优点，但连接强度较低，不适合大直径钢筋连接。规范规定，当受拉钢筋 $d>25$mm 和受压钢筋 $d>28$mm 时，不宜采用绑扎搭接。绑扎搭接比较浪费钢筋，目前主要应用在楼板钢筋的连接。

1. 非抗震与抗震的绑扎搭接长度

纵向受拉钢筋非抗震与抗震的绑扎搭接长度分别见表1-10和表1-11。

表1-10　纵向受拉钢筋非抗震搭接长度 l_l

钢筋种类及同一区段内搭接钢筋面积百分率		混凝土强度等级											
		C25		C30		C35		C40		C45		C50	
		$d\leqslant25$	$d>25$	$d\leqslant25$	$d>25$	$d\leqslant25$	$d>25$	$d\leqslant25$	$d>25$	$d\leqslant25$	$d>25$	$d\leqslant25$	$d>25$
HPB300	≤25%	$41d$	—	$36d$	$34d$	—	$30d$	—	$29d$	—	$28d$	—	—
	50%	$48d$	—	$42d$	—	$39d$	—	$35d$	—	$34d$	—	$32d$	—
	100%	$54d$	—	$48d$	—	$45d$	—	$40d$	—	$38d$	—	$37d$	—
HRB400 HRBF400 RRB400	≤25%	$48d$	$53d$	$42d$	$47d$	$38d$	$42d$	$35d$	$38d$	$34d$	$37d$	$32d$	$36d$
	50%	$56d$	$62d$	$49d$	$55d$	$45d$	$49d$	$41d$	$45d$	$39d$	$43d$	$38d$	$42d$
	100%	$64d$	$70d$	$56d$	$62d$	$51d$	$56d$	$46d$	$51d$	$45d$	$50d$	$43d$	$48d$
HRB500 HRBF500	≤25%	$58d$	$64d$	$52d$	$56d$	$47d$	$52d$	$43d$	$48d$	$41d$	$44d$	$38d$	$42d$
	50%	$67d$	$74d$	$60d$	$66d$	$55d$	$60d$	$50d$	$56d$	$48d$	$52d$	$45d$	$49d$
	100%	$77d$	$85d$	$69d$	$75d$	$62d$	$69d$	$58d$	$64d$	$54d$	$59d$	$51d$	$56d$

注：① 表中数值为纵向受拉钢筋绑扎搭接接头的搭接长度。

② 两根不同直径钢筋搭接时，表中 d 取较细钢筋直径。

③ 当为环氧树脂涂层带肋钢筋时，表中数据尚应乘以1.25。

④ 当纵向受拉钢筋在施工过程中易受扰动时，表中数据尚应乘以1.1。

⑤ 当搭接长度范围内纵向受力钢筋周边保护层厚度为 $3d$、$5d$（d 为搭接钢筋直径）时，表中数据尚可分别乘以0.8、0.7；中间时按内插值取值。

⑥ 当上述修正系数（注③～注⑤）多于一项时，可连乘计算。

⑦ 当位于同一连接区段内的钢筋搭接接头面积百分率为表中数据中间值时，搭接长度可按内插值取值。

⑧ 任何情况下，搭接长度不应小于300。

⑨ HPB300级钢筋末端应做180°弯钩。

⑩ 混凝土强度等级应取锚固区的混凝土强度等级。

表1-11　纵向受拉钢筋抗震搭接长度 l_{lE}

钢筋种类及同一区段内搭接钢筋面积百分率			混凝土强度等级											
			C25		C30		C35		C40		C45		C50	
			$d\leqslant25$	$d>25$	$d\leqslant25$	$d>25$	$d\leqslant25$	$d>25$	$d\leqslant25$	$d>25$	$d\leqslant25$	$d>25$	$d\leqslant25$	$d>25$
一、二级抗震等级	HPB300	≤25%	$47d$	—	$42d$	—	$38d$	—	$35d$	—	$34d$	—	$31d$	—
		50%	$55d$	—	$49d$	—	$45d$	—	$41d$	—	$39d$	—	$36d$	—
	HRB400 HRBF400	≤25%	$55d$	$61d$	$48d$	$54d$	$44d$	$48d$	$40d$	$44d$	$38d$	$43d$	$37d$	$42d$
		50%	$64d$	$71d$	$56d$	$63d$	$52d$	$56d$	$46d$	$52d$	$45d$	$50d$	$43d$	$49d$
	HRB500 HRBF500	≤25%	$66d$	$73d$	$59d$	$65d$	$54d$	$59d$	$49d$	$55d$	$47d$	$52d$	$44d$	$48d$
		50%	$77d$	$85d$	$69d$	$76d$	$63d$	$69d$	$57d$	$64d$	$55d$	$60d$	$52d$	$56d$

续表

钢筋种类及同一区段内搭接钢筋面积百分率			混凝土强度等级											
			C25		C30		C35		C40		C45		C50	
			$d\leqslant25$	$d>25$	$d\leqslant25$	$d>25$	$d\leqslant25$	$d>25$	$d\leqslant25$	$d>25$	$d\leqslant25$	$d>25$	$d\leqslant25$	$d>25$
三级抗震等级	HPB300	≤25%	43d	—	38d	—	35d	—	31d	—	30d	—	29d	—
		50%	50d	—	45d	—	41d	—	36d	—	35d	—	34d	—
	HRB400 HRBF400	≤25%	50d	55d	44d	49d	41d	44d	36d	41d	35d	40d	34d	38d
		50%	59d	64d	52d	57d	48d	52d	42d	48d	41d	46d	39d	45d
	HRB500 HRBF500	≤25%	60d	67d	54d	59d	49d	54d	46d	50d	43d	47d	41d	44d
		50%	70d	78d	63d	69d	57d	63d	53d	59d	50d	55d	48d	52d

注：① 表中数值为纵向受拉钢筋绑扎搭接接头的搭接长度。

② 两根不同直径钢筋搭接时，表中 d 取较细钢筋直径。

③ 当为环氧树脂涂层带肋钢筋时，表中数据尚应乘以 1.25。

④ 当纵向受拉钢筋在施工过程中易受扰动时，表中数据尚应乘以 1.1。

⑤ 当搭接长度范围内纵向受力钢筋周边保护层厚度为 $3d$、$5d$（d 为搭接钢筋直径）时，表中数据尚可分别乘以 0.8、0.7；中间时按内插值取值。

⑥ 当上述修正系数（注③～注⑤）多于一项时，可连乘计算。

⑦ 当位于同一连接区段内的钢筋搭接接头面积百分率为 100%时，$l_{lE}=1.6l_{aE}$

⑧ 当位于同一连接区段内的钢筋搭接接头面积百分率为表中数据中间值时，搭接长度可按内插值取值。

⑨ 任何情况下，搭接长度不应小于 300。

⑩ 四级抗震等级时，$l_{lE}=l_l$。

⑪ HPB300 级钢筋末端应做 180°弯钩。

⑫ 混凝土强度等级应取锚固区的混凝土强度等级。

2. 在同一连接区段内，纵向受拉钢筋绑扎搭接接头宜相互错开

无论采用何种连接方式，连接点都是钢筋最薄弱的环节，所以钢筋的连接接头宜相互错开，尽量避免在同一个位置连接。根据《混凝土结构设计规范》（GB 50010—2010）（2015 年版）的规定，钢筋绑扎搭接接头连接区段的长度为 1.3 倍搭接长度或 1.3 倍抗震搭接长度，凡搭接接头中点位于连接区段长度内的搭接接头，均属于同一连接区段，如图 1-6 所示。

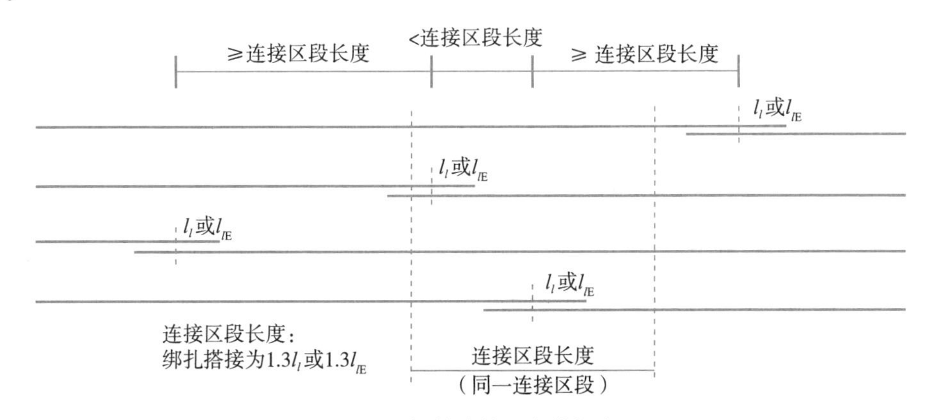

图 1-6 钢筋连接区段的规定

同一连接区段内纵向受力钢筋搭接接头面积百分率为该区段内有搭接接头的纵向受力钢筋截面面积与全部纵向受力钢筋截面面积的比值。位于同一连接区段内的受拉钢筋搭接接头面积百分率：对梁类、板类及墙类构件，不宜大于25%；对柱类构件，不宜大于50%。当工程中确有必要增大受拉钢筋搭接接头面积百分率时，对梁类构件，不宜大于50%；对板、墙、柱及预制构件的拼接处，可根据实际情况放宽。

并筋采用绑扎搭接时，应按每根单筋错开搭接的方式连接；接头面积百分率应按同一连接区段内所有的单根钢筋计算；并筋中钢筋的搭接长度应按单筋分别计算。

3. 纵向受压钢筋的搭接长度

构件中的纵向受压钢筋采用搭接时，其受压搭接长度不应小于受拉钢筋搭接长度的70%，且不宜小于200mm。

4. 纵向受力钢筋搭接长度范围内应配置加密箍筋

当采用搭接时，搭接长度范围内混凝土受到的劈裂应力比较大，为了延缓或限制劈裂裂缝的出现和发展，改善搭接效果，《混凝土结构设计规范》(GB 50010—2010)(2015年版)对搭接长度范围内的箍筋规定：纵向受力钢筋搭接长度范围内应配置箍筋，其直径不应小于钢筋较大直径的0.25倍。当钢筋受拉时，箍筋间距不应大于搭接钢筋较小直径的5倍，且不应大于100mm；当钢筋受压时，箍筋间距不应大于搭接钢筋较小直径的10倍，且不应大于200mm；当受压钢筋直径大于25mm时，尚应在搭接接头两端面外100mm范围内各设置两道箍筋。

1.6.2 纵向受力钢筋的机械连接

纵向受力钢筋机械连接的接头形式有套筒挤压连接接头、直螺纹套筒连接接头和锥螺纹套筒连接接头。

纵向受力钢筋的机械连接接头宜相互错开。钢筋机械连接区段的长度为35d(d为连接钢筋的较小直径)。接头中点位于该区段长度内的机械连接接头，均属于同一连接区段。位于同一连接区段内的纵向受拉钢筋接头面积百分率不宜大于50%；但对板、墙、柱及预制构件的拼接处，可根据实际情况放宽。纵向受压钢筋的接头面积百分率不受限制。

机械连接套筒的横向净距不宜小于25mm；套筒处箍筋的间距仍应满足相应的构造要求。

1.6.3 纵向受力钢筋的焊接连接

纵向受力钢筋焊接连接的方法有闪光对焊、电渣压力焊等。根据《钢筋焊接及验收规程》(JGJ 18—2012)的规定，电渣压力焊只能用于柱、墙、构筑物等竖向构件纵向钢筋的连接，不得用于梁、板等水平构件的纵向钢筋连接。

纵向受力钢筋的焊接接头应相互错开。钢筋焊接接头连接区段的长度为35d(d为连接钢筋的较小直径)且不小于500mm。凡接头中点位于该连接区段长度内的焊接接头，均属于同一连接区段，如图1-7所示。

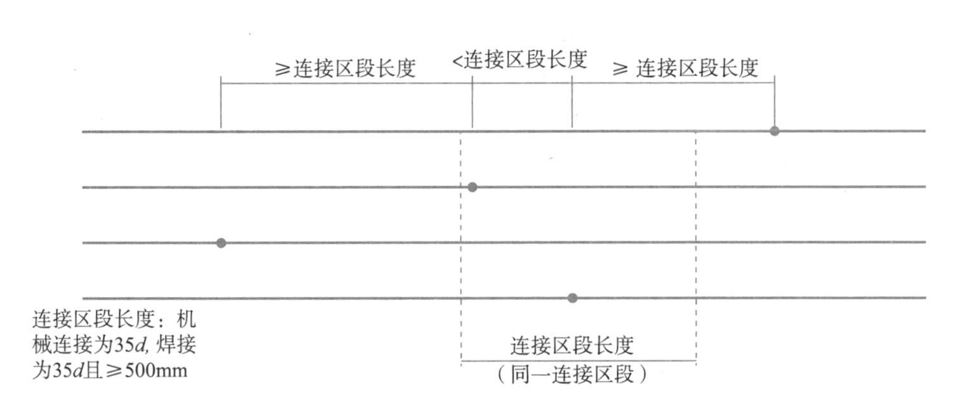

图 1-7　同一连接区段内纵向受拉钢筋机械连接、焊接接头

纵向受拉钢筋的接头面积百分率不宜大于 50%，但对预制构件的拼接处，可根据实际情况放宽。纵向受压钢筋的接头面积百分率可不受限制。

任务 1.7　其他构造要求

1.7.1　梁、柱和剪力墙纵向钢筋间距

1. 梁纵向钢筋间距

1）梁的上下部位钢筋

如图 1-8(a)所示，梁上部纵向钢筋水平方向的净间距(钢筋外边缘之间的最小距离)不应小于 30mm 和 1.5d(d 为钢筋最大直径)，梁下部纵向钢筋水平方向的净间距则不应小于 25mm 和 d。当梁的下部纵向钢筋配置多于两排时，两排以上钢筋水平方向的中距应比下面两排的中距增大一倍，且各排钢筋之间的净间距不应小于 25mm 和 d。

2）梁的侧面钢筋

如图 1-8(a)所示，当梁的腹板高度 $h_w \geqslant 450$mm 时，在梁的两个侧面应沿高度配置纵向构造钢筋，其间距不宜大于 200mm。

2. 柱纵向钢筋间距

柱纵向钢筋间距见图 1-8(b)。柱中纵向受力钢筋的净间距不应小于 50mm。柱中纵向受力钢筋的中心距不应大于 300mm；抗震且截面尺寸大于 400mm 的柱，其中心距不宜大于 200mm。

3. 剪力墙分布钢筋间距

剪力墙分布钢筋间距见图 1-8(c)。混凝土剪力墙水平分布钢筋及竖向分布钢筋间距(中心距)不应大于 300mm。

4. 梁和柱纵筋采用并筋时保护层厚度、钢筋间距及锚固

1）并筋的主要形式和等效直径的计算方法

由 2 根单独钢筋组成的并筋可按竖向或横向的方式布置，由 3 根单独钢筋组成的并筋宜按品字形布置。直径≤28mm 的钢筋并筋数量不应超过 3 根，直径 32mm 的钢筋并筋数

量宜为 2 根，直径≥36mm 的钢筋不应采用并筋。

并筋等效直径 d_{eq} 按截面积相等原则换算确定。当直径相同的单根钢筋数量为 2 根时，并筋等效直径取 1.41 倍单根钢筋直径；当直径相同的单根钢筋数量为 3 根时，并筋等效直径取 1.73 倍单根钢筋直径，见图 1-9。

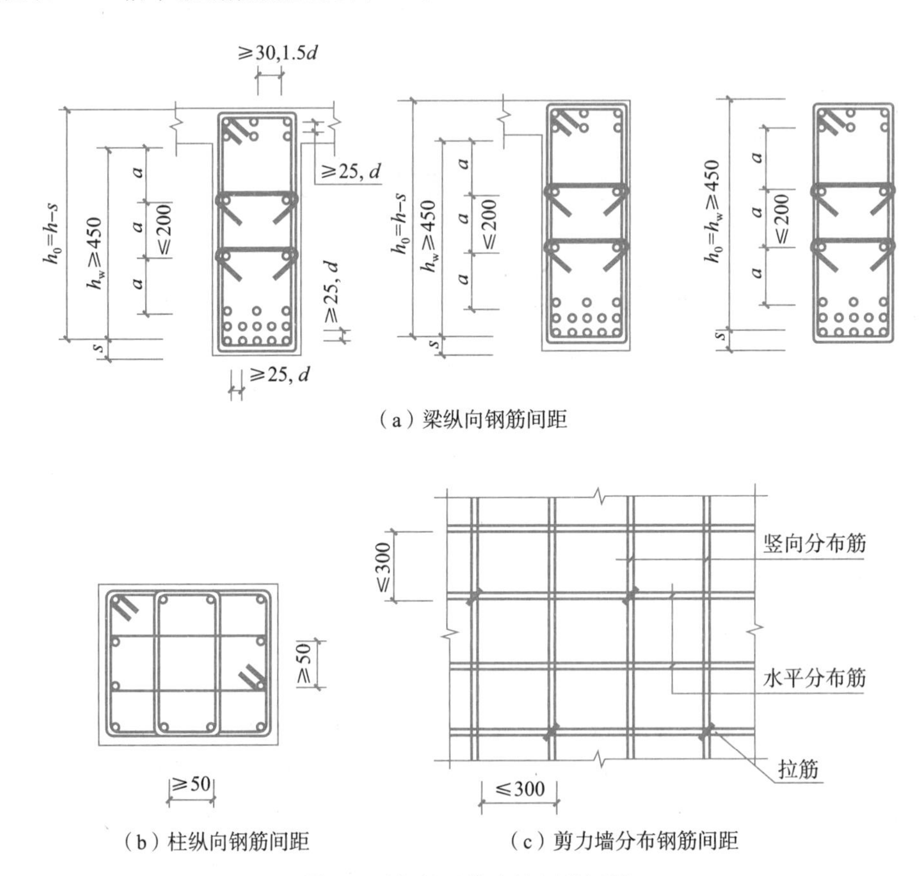

图 1-8 梁、柱及剪力墙钢筋间距

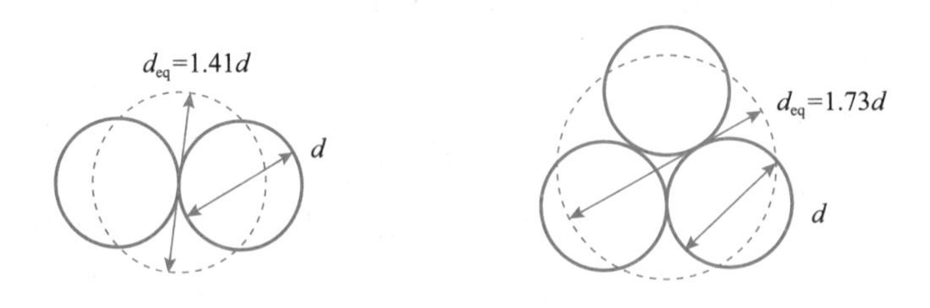

图 1-9 并筋形式和等效直径计算

2) 并筋时的保护层厚度、钢筋间距及锚固长度

当采用并筋时，构件中的钢筋间距、钢筋锚固长度都应按并筋的等效直径计算，且并筋的锚固宜采用直线锚固。并筋的保护层最小厚度 c_{min} 除应满足图 1-4 的要求外，其实际轮廓外边缘至混凝土外边缘还不应小于并筋的等效直径 d_{eq}，见图 1-10。

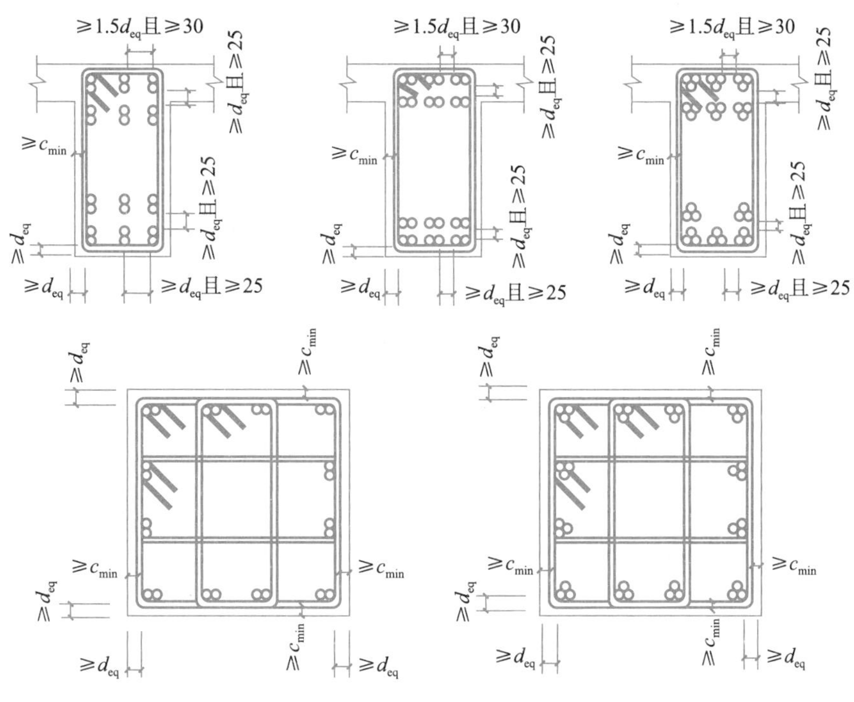

图 1-10 梁和柱纵筋并筋时的保护层厚度、钢筋间距示意

1.7.2 纵筋搭接区箍筋构造、箍筋拉筋弯钩及螺旋箍筋构造

1. 纵向受力钢筋搭接区箍筋构造

绑扎搭接钢筋在受力后的分离趋势及搭接区混凝土的纵向劈裂，尤其是受弯构件挠曲后的翘曲变形，都要求对搭接连接区域有很强的约束，因此无论是抗震设计还是非抗震设计，在梁、柱类构件纵向受力钢筋（包括受扭纵筋）搭接长度范围内应配置加密的箍筋，见图 1-11。同时，箍筋直径不小于搭接钢筋最大直径的 0.25 倍，箍筋的间距不应大于搭接钢筋最小直径的 5 倍，且不应大于 100mm。当受压钢筋直径 $d>25$mm 时，还应在搭接接头两个端面外 100mm 范围内各设 2 根箍筋，见图 1-11(a)中柱中钢筋的搭接。

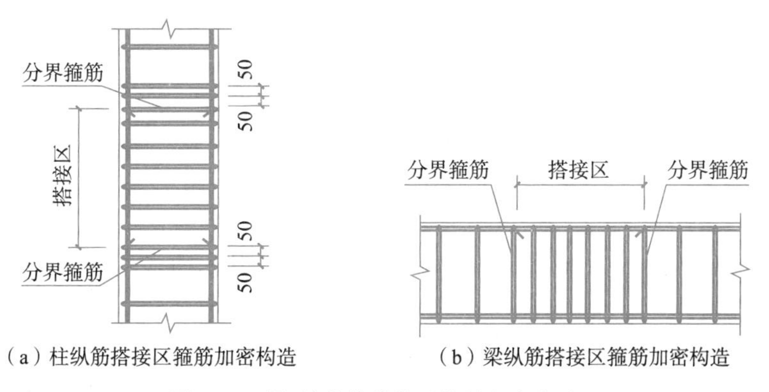

(a) 柱纵筋搭接区箍筋加密构造　　(b) 梁纵筋搭接区箍筋加密构造

图 1-11 梁、柱纵筋搭接区箍筋加密构造

2. 封闭箍筋及拉筋弯钩构造

除焊接封闭环式箍筋外，箍筋的末端应做弯钩，弯钩形式应符合实际要求。当设计无具体要求时，梁、柱封闭箍筋、拉筋构造应符合图 1-12 的规定。

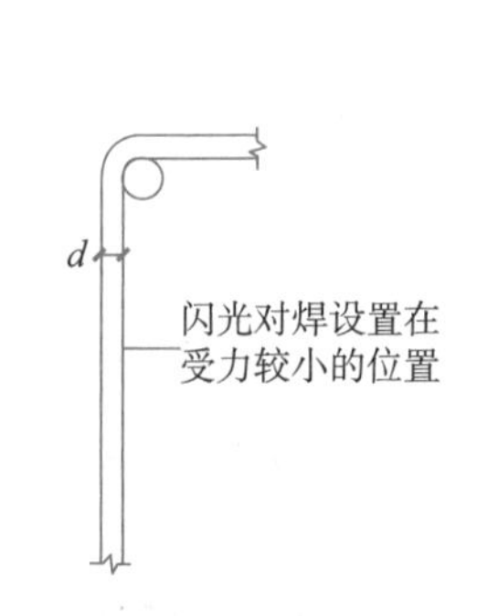

（a）焊接封闭箍筋(工厂加工)

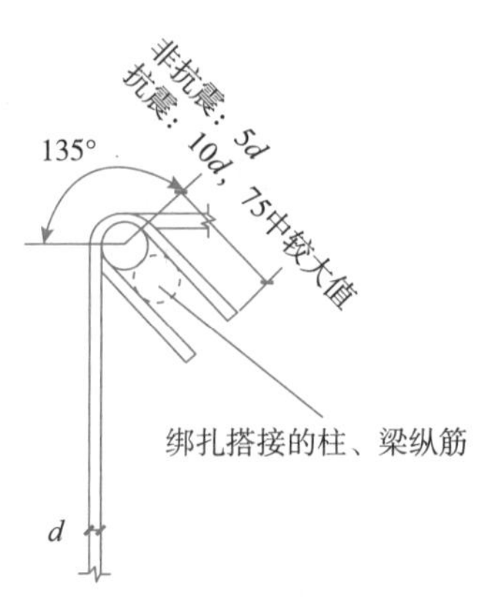

（b）梁、柱封闭箍筋

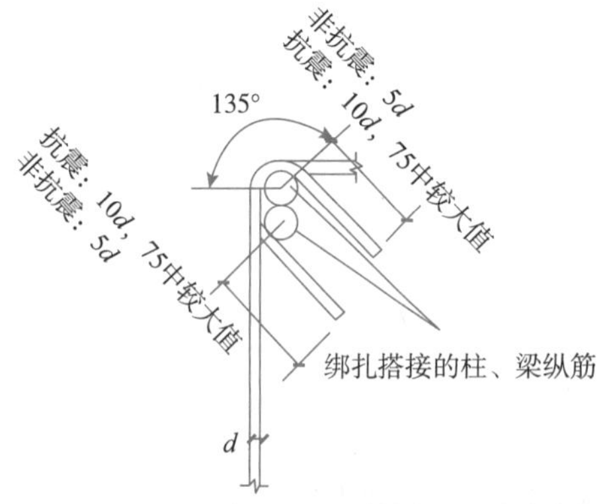

（c）梁、柱封闭箍筋（柱、梁纵筋绑扎搭接或并筋）

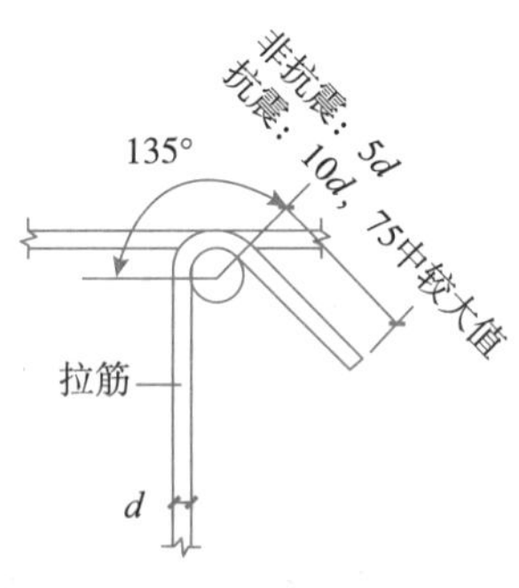

（d）拉筋紧靠箍筋并钩住纵筋

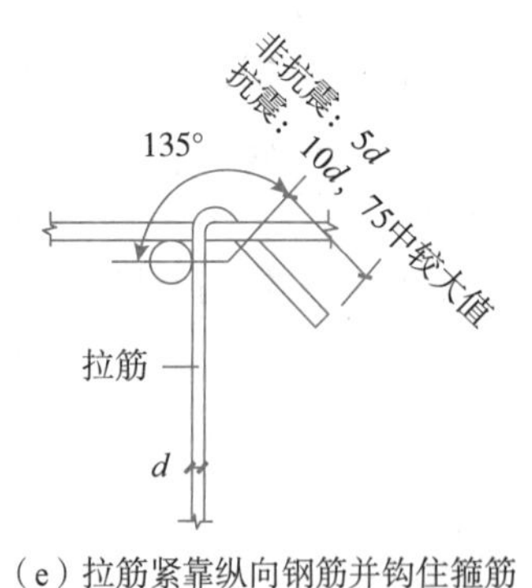

（e）拉筋紧靠纵向钢筋并钩住箍筋

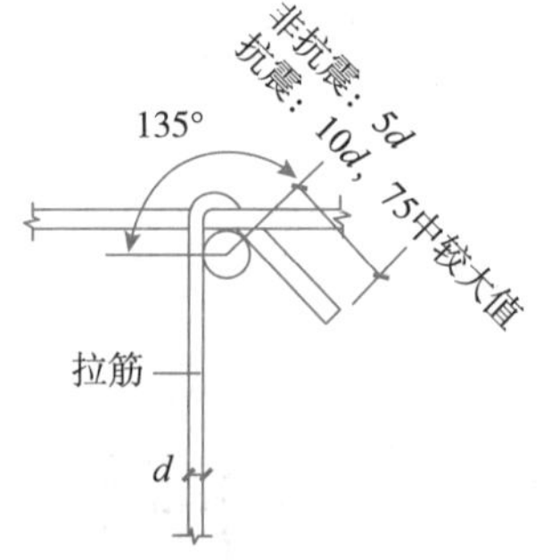

（f）拉筋同时钩住纵筋和箍筋

图 1-12　箍筋、拉筋构造

梁拉筋包括两类：一类为受力拉筋；另一类为构造拉筋。通常框架梁、非框架梁侧面拉筋为构造拉筋。

拉筋和单肢箍筋的定义不同。拉筋通常用于框架柱、剪力墙边缘暗柱和端柱，要求拉住纵横两向钢筋，即弯钩应钩住钢筋十字交叉点；拉筋具有约束构件和抗剪两项功能。单肢箍筋只有抗剪一项功能，故要求单肢箍筋仅需拉住纵筋，即弯钩不需钩住钢筋十字交叉点。拉筋兼有单肢箍筋的功能，但单肢箍筋不可充当拉筋。

用于剪力墙分布钢筋的拉结筋，宜同时钩住外侧水平及竖向分布筋，如图1-13所示。

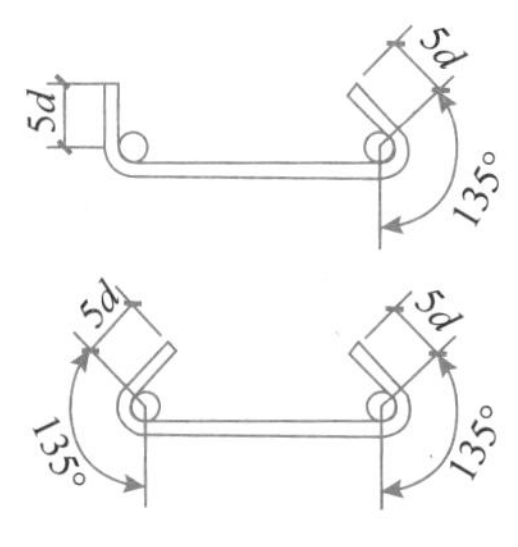

图1-13　拉结筋构造

3. 螺旋箍筋和圆柱环状箍筋搭接构造

螺旋箍筋的开始与结束位置应有水平段，长度不小于一圈半。内环定位焊接圆环间距为1.5m，直径≥12mm，见图1-14。

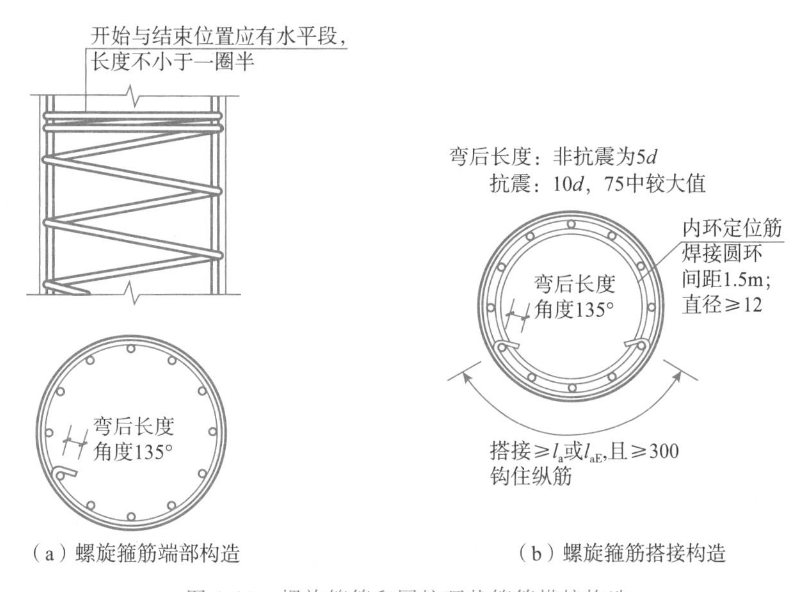

（a）螺旋箍筋端部构造　　（b）螺旋箍筋搭接构造

图1-14　螺旋箍筋和圆柱环状箍筋搭接构造

小　结

本项目讲述了平法的基本概念，概括了混凝土结构材料及结构体系，并阐述了平法的通用标准构造。

平法通用构造涵盖了从混凝土环境类别、纵向钢筋最小保护层厚度到钢筋的锚固、连接、弯钩、弯折和箍筋、拉筋等构造规定和设计要求。学习这部分内容对读者深入学习平法、全面掌握钢筋混凝土结构构造，有十分重要的作用。

学习笔记

能力训练

1. 什么是锚固长度？受拉钢筋的锚固长度如何确定？

2. 纵向受拉钢筋的抗震锚固长度如何确定？

3. 纵向受拉钢筋的非抗震搭接长度如何确定？

4. 纵向受拉钢筋的抗震搭接长度如何确定？

5. 钢筋的连接方式有哪些？各种连接方式有什么构造要求？

6. 钢筋直径不同时搭接位置的要求是什么？钢筋接头面积百分率和搭接长度如何确定？

7. 什么是钢筋的混凝土保护层厚度？

8. 划分混凝土的环境类别的目的是什么？

项目2 混凝土柱平法施工图识读

教学目标

1. 了解混凝土框架结构中的柱及柱内钢筋的分类。
2. 掌握并理解柱配筋构造及相应的平法制图规则。
3. 能正确识读柱平法施工图。

任务驱动

右侧二维码中为某框架结构工程施工图,该图是柱平法施工图截面注写方式的典型示例。本项目将在制图知识和平法通用构造的基础上,围绕本图所表达的图形语言及截面注写数字和符号的含义,逐步引领学生正确理解和识读柱平法施工图。

任务2.1 认识混凝土柱形态及内部钢筋

混凝土结构柱,通常为等截面的竖向细长构件,常见的截面形状有矩形、圆形、L形等,其中矩形和圆形居多。

2.1.1 混凝土柱的分类

平法施工图将钢筋混凝土柱分为框架柱、转换柱、芯柱三类,并用固定编号区分。编号如表2-1所示。

表2-1 混凝土柱的分类和编号

柱类型	代号	序号	备　注
框架柱	KZ	××	柱根嵌固在基础或地下结构上,并与框架梁刚性连接构成框架结构,见图2-1
转换柱	ZHZ	××	柱根嵌固在基础或地下结构上,并与框支梁构成框支结构,其上为剪力墙。框支梁承受上部剪力墙和楼板的荷载,见图2-2
芯柱	XZ	××	设置在底层的框架柱、框支柱等核心部位的暗柱,不能独立存在,见图2-3

柱编号由类型代号和序号组成。类型代号的主要作用是指明所选用的标准构造详图。编号时，当柱的总高、分段截面尺寸和配筋均相同，仅分段截面与轴线的关系不同时，仍可将其编为同一柱号。

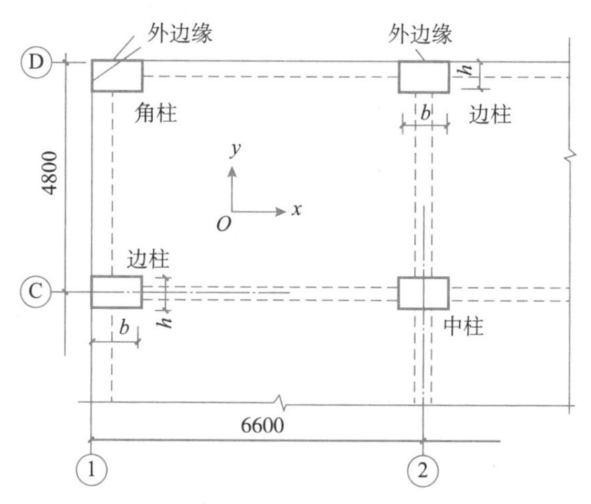

图 2-1 中柱、边柱和角柱平面示意

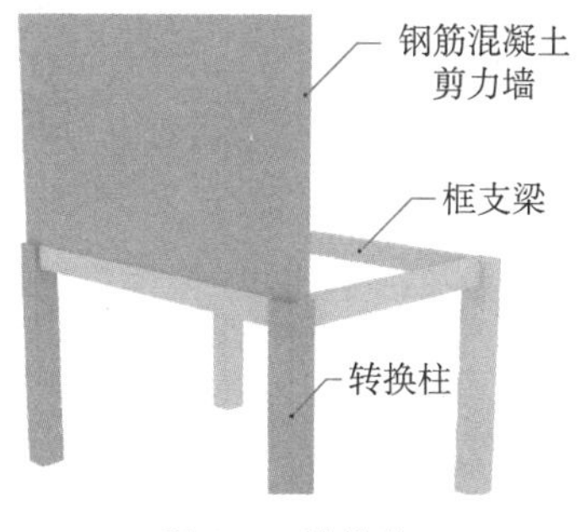

图 2-2 转换柱

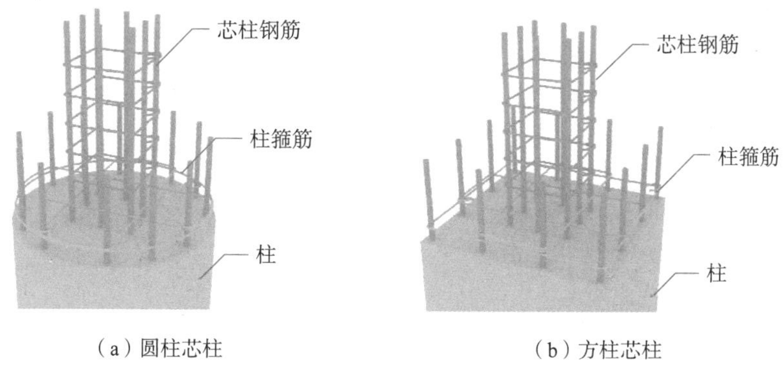

(a) 圆柱芯柱　　(b) 方柱芯柱

图 2-3 芯柱

表 2-1 中三种类型的柱，框架柱最常见。

根据工程是否考虑抗震设防，框架柱可分为非抗震框架柱和抗震框架柱。框架柱的抗震等级可分为一级、二级、三级和四级。

根据所处的位置不同，框架柱又分为中柱、边柱和角柱三种，见图 2-1。从图中可以看出，边柱有一个外边缘，角柱有两个外边缘，而中柱没有外边缘。

为施工方便还可将框架柱从下向上分为底层、中间层和顶层，这样，任何位置、任何楼层的框架柱都可以表达清楚。图 2-4 中将框架柱细分为顶层角柱、顶层边柱、顶层中柱、中层角柱、中层边柱、中层中柱、底层角柱、底层边柱、底层中柱。其中，中间层可以赋予楼层号，如二层中柱、五层角柱等。

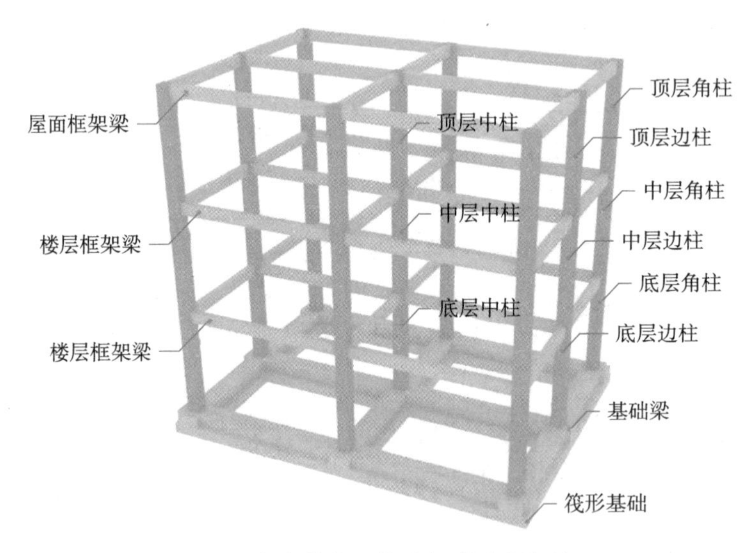

图 2-4 框架结构立体示意(均为框架柱)

2.1.2 平法施工图中柱截面的几何尺寸表达

对于矩形柱，一般规定与 x 轴平行的边长为 b，与 y 轴平行的边长为 h。在平法施工图中注写柱截面尺寸 $b \times h$ 及与轴向相关的几何参数代号 b_1、b_2 和 h_1、h_2 的具体数值时，须对应各段柱分别注写。其中，$b=b_1+b_2$，$h=h_1+h_2$。当截面的某一边收缩变化至与轴线重合或偏到轴线的另一侧时，b_1、b_2、h_1、h_2 中的某项为零或为负值，见图 2-5。

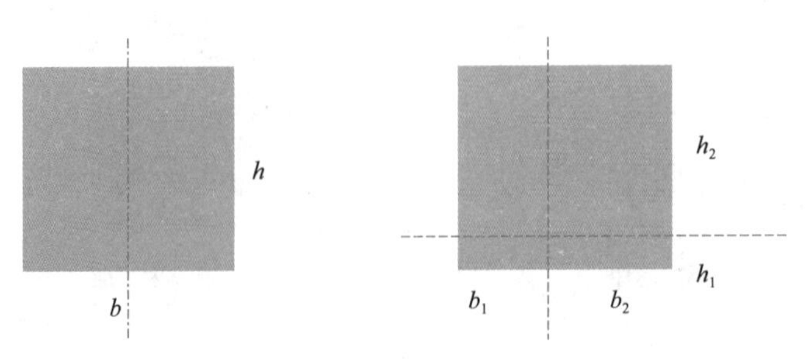

图 2-5 矩形柱截面尺寸示意

对于圆柱，应在圆柱直径数字前加 d 表示。为表达简单，圆柱截面与轴线的关系也用

b_1、b_2 和 h_1、h_2 表示，并使 $d=b_1+b_2=h_1+h_2$。

根据结构需要，可以在某些框架柱的一定高度范围内，在其内部的中心位置设置芯柱（分别引注其柱编号）。芯柱中心应与柱中心重合，并标注其截面尺寸，按图集标准构造详图施工。当设计者采用与本构造详图不同的做法时，应另行注明。芯柱定位随框架柱，不需要注写其与轴线的几何关系。

2.1.3 柱内钢筋的分类

柱内配置两种钢筋：纵向钢筋（简称纵筋）和横向钢筋（又称箍筋），见图 2-6。

1. 柱纵筋

纵筋分布在柱子的周围，紧贴箍筋内侧。纵筋有受力钢筋和构造钢筋之分。受力钢筋根据柱子的受力情况经荷载组合计算得出，构造钢筋根据现行混凝土规范中对柱纵筋的相关规定进行设置。

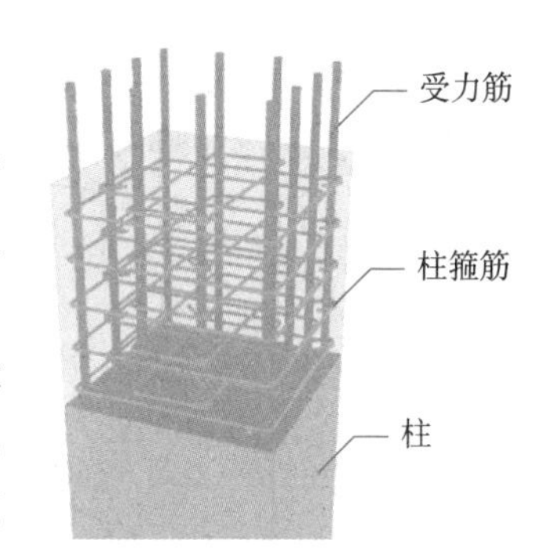

图 2-6 柱内纵筋和箍筋示意

全部纵筋直径可以只有一种，也可以有两种或三种，但最多不能超过三种。柱一般采用对称配筋，纵筋配置有以下规律。

规律 1：柱子外围箍筋的四个角上的纵筋（简称角筋）直径必须相同。

规律 2：上下两个 b 边的中部筋数量和直径必须相同，即 b 边中部筋对称。

规律 3：左右两个 h 边的中部筋数量和直径必须相同，即 h 边中部筋对称。

2. 柱箍筋

1）柱箍筋的类型

柱箍筋一般为复合箍，根据形状可分为复合矩形箍和复合圆形箍。柱箍筋指单个矩形（或圆形）箍筋内附加矩形、多边形、圆形箍筋或拉筋。还有一种圆柱环状箍筋称为复合螺旋箍，其仅用于圆形柱，是由螺旋箍筋与矩形、多边形、圆形箍筋或拉筋组成的箍筋。

如表 2-2 所示，类型 1、2、3 为复合矩形箍，类型 4 为圆形复合箍筋。

表 2-2 箍筋类型

箍筋类型编号	箍筋肢数	复合方式
1	$m\times n$	肢数m h 肢数n b
2	—	h b
3	—	h b

续表

箍筋类型编号	箍筋肢数	复合方式
4	$Y+m\times n$ 圆形箍	肢数m 肢数n d

2）矩形箍筋的复合方式

表 2-2 中箍筋类型 1 为复合矩形箍 $m\times n$，m 和 n 均为≥3 的自然数，其中 m 为竖向的箍筋肢数，n 为水平方向的箍筋肢数。例如，5×4 肢箍表示竖向的箍筋肢数为 5 肢，水平方向的箍筋肢数为 4 肢。

常见矩形箍筋复合方式如图 2-7 所示。框架柱矩形箍筋的复合方式同样适用于芯柱。例如，5×4 肢箍表示竖向的箍筋肢数为 5 肢，水平方向的箍筋肢数为 4 肢。

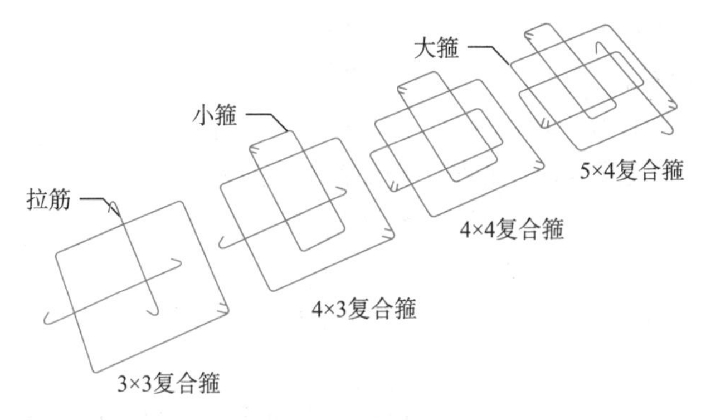

图 2-7 常见矩形箍筋复合方式

3）柱截面复合箍筋的施工排布构造

在施工操作过程中，复合箍筋的排布和绑扎等构造见图 2-8。

复合箍筋的施工排布原则如下。

（1）柱纵筋、复合箍筋排布应遵循对称均匀原则。

（2）箍筋转角处必须有纵筋。

（3）柱复合箍筋应采用截面周边外围封闭大箍加内封闭小箍的组合方式（大箍套小箍），内部复合箍筋的相邻两肢形成一个内封闭小箍，当复合箍筋的肢数为单数时，设一个单肢箍。沿外封闭箍筋的周边，箍筋局部重叠不宜多于两层。

（4）若在同一组内，复合箍筋各肢位置不能满足对称性要求（如 5×5 肢箍和 5×4 肢箍），钢筋绑扎时，沿柱竖向相邻两组箍筋位置应交错对称排布。

（5）柱截面内部水平方向复合小箍筋应紧靠外围封闭箍筋下侧（或上侧）绑扎，竖向复合小箍筋应紧靠外围封闭箍筋上侧（或下侧）绑扎。

（6）柱封闭箍筋弯钩位置应沿柱竖向顺时针方向或逆时针方向顺序排布。

（7）柱内部复合箍筋采用拉筋时，拉筋需同时钩住纵筋和外封闭箍筋。

（8）抗震设防时，箍筋对纵筋应满足“至少隔一拉一”的要求，即至少每隔一根纵筋应在两个方向有箍筋或拉筋约束。

(9) 框架柱箍筋加密区内箍筋肢距：一级抗震等级，不宜大于 200mm；二、三级抗震等级，不宜大于 250mm；四级抗震等级，不宜大于 300mm。

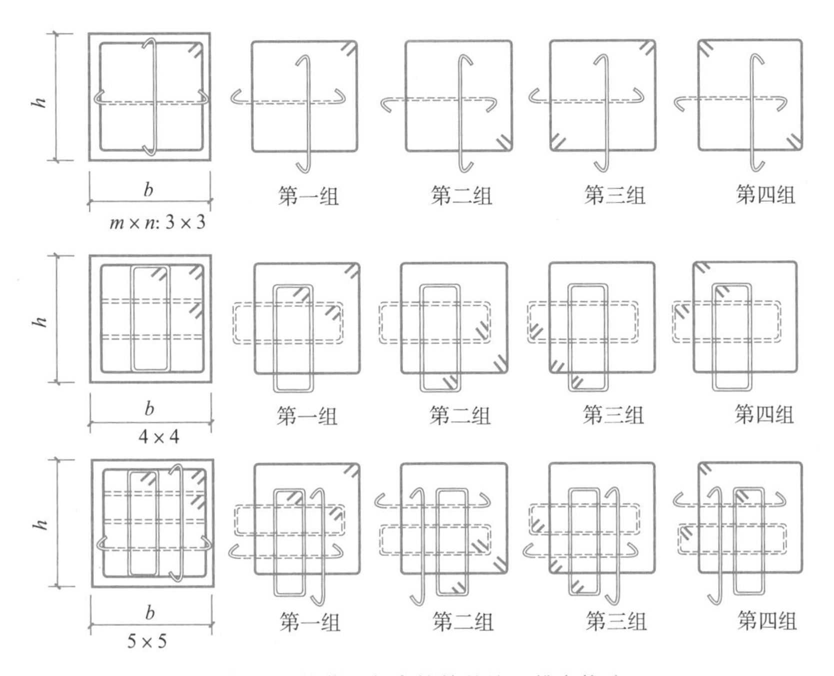

图 2-8　柱截面复合箍筋的施工排布构造

根据复合箍筋施工排布原则第 2 条“箍筋转角处必须有纵筋”和第 8 条“至少隔一拉一”的要求，3×3 肢箍最少摆放 8 根纵筋，最多摆放 16 根纵筋；4×4 肢箍最少摆放 12 根纵筋，最多摆放 24 根纵筋；5×4 肢箍最少摆放 14 根纵筋，最多摆放 28 根纵筋。

任务 2.2　解读柱平法识图规则

柱平法识图规则能够指导我们看懂平法图纸上除了钢筋构造之外的其他内容。

柱平法施工图是在柱平面布置图上采用列表注写或截面注写的方式进行表达。柱平面布置图可采用适当比例单独绘制，也可与剪力墙平面布置图合并绘制。

2.2.1　柱平法施工图列表注写方式

图 2-9 为柱平法施工图列表注写方式的示例。

列表注写方式是在柱平面布置图上对所有柱子进行编号，在相同编号的柱中选择一个或几个截面标注几何参数代号；在柱表中注写柱号、柱段起止标高、截面几何尺寸与配筋等的具体数值，并配以箍筋类型图的方式。

柱平法施工图列表注写方式包括柱平面布置图、柱箍筋类型、结构标高及结构层高表和柱表四个部分。下面以图 2-9 为例，分别讲述这四部分所包含的内容。

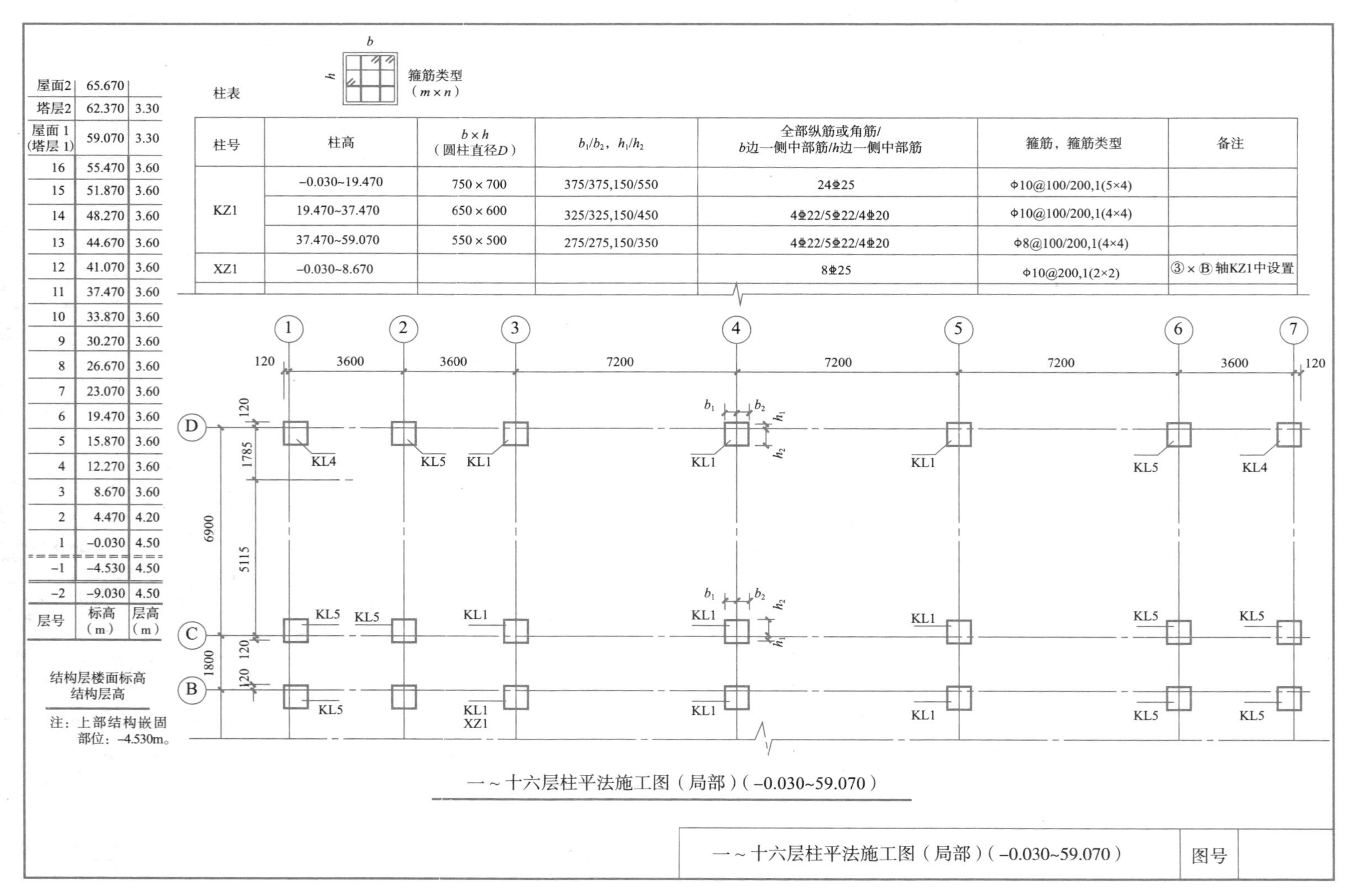

层号	标高（m）	层高（m）
屋面2	65.670	
塔层2	62.370	3.30
屋面1（塔层1）	59.070	3.30
16	55.470	3.60
15	51.870	3.60
14	48.270	3.60
13	44.670	3.60
12	41.070	3.60
11	37.470	3.60
10	33.870	3.60
9	30.270	3.60
8	26.670	3.60
7	23.070	3.60
6	19.470	3.60
5	15.870	3.60
4	12.270	3.60
3	8.670	3.60
2	4.470	4.20
1	-0.030	4.50
-1	-4.530	4.50
-2	-9.030	4.50

柱号	柱高	b×h（圆柱直径D）	b_1/b_2，h_1/h_2	全部纵筋或角筋/b边一侧中部筋/h边一侧中部筋	箍筋，箍筋类型	备注
KZ1	-0.030~19.470	750×700	375/375,150/550	24Φ25	φ10@100/200,1(5×4)	
	19.470~37.470	650×600	325/325,150/450	4Φ22/5Φ22/4Φ20	φ10@100/200,1(4×4)	
	37.470~59.070	550×500	275/275,150/350	4Φ22/5Φ22/4Φ20	φ8@100/200,1(4×4)	
XZ1	-0.030~8.670			8Φ25	φ10@200,1(2×2)	③×Ⓑ轴KZ1中设置

图 2-9　柱列表注写方式

1. 柱平面布置图

柱平面布置图中的主要内容如下。

(1) 柱的编号:如1号框架柱(KZ1),1号梁上柱、1号芯柱等。

(2) 柱的截面尺寸代号:b_1、b_2,h_1、h_2,其中 $b=b_1+b_2$,$h=h_1+h_2$。

(3) 柱的定位:如⑤轴线和D轴线相交处的边柱KZ1;⑤轴线和C轴线相交处的中柱KZ1。⑤轴线与柱中心线重合,D轴线与柱中心线不重合。

2. 柱箍筋类型

在施工图中,柱的断面有不同类型,其中重点表示箍筋的形状特征,读图时,应清楚某编号的柱采用哪一种箍筋类型。例如,本图中用的是类型1复合矩形箍筋。

为了防止施工人员在读图时弄混 b 和 h 的方向,需要在箍筋类型上标注 b 和 h。

3. 结构标高及结构层高表

平法施工图中必须有结构标高及结构层高表,它能帮助施工人员快速建立起整个建筑的立体轮廓图。表中包含的内容如下。

(1) 嵌固部位的标高:如表的下方注明了上部结构嵌固部位的标高为−0.030m。

(2) 层数:如本建筑地下2层,地上16层。

(3) 结构标高:如一层的结构标高为−0.030m,三层的结构标高为8.670m。

(4) 结构层高:表中层高这一列的数据是根据上一层结构标高减去本层的结构标高所得。例如三层的结构标高8.670减去二层的结构标高4.470,等于二层的层高4.2m,与表中标注的二层结构层高数值一致。

4. 柱表

柱表中包含的内容为所有柱子的编号、分段起止标高及对应的截面尺寸、纵筋和箍筋的具体数值。下面以柱表中的KZ1为例解读表中所包含的内容。

(1) 柱标高:柱表中的第1列,表示KZ1分段及各段对应的起止标高。

柱子的分段依据:柱截面变化处必须分段;钢筋直径或数量变化处必须分段。

(2) 柱截面尺寸:柱号后第2~6列,表示各柱段对应的截面几何尺寸 h_1、h_2、b_1、b_2,以及 $b\times h$ 的具体数值。

柱第1个标高段对应的断面为750mm×700mm。b 方向中心线与轴线重合,左右都是375mm。h 方向偏心,h_1 为150mm,h_2 为550mm。第2个标高段的截面尺寸与第1个标高段相同。另外两个标高段对应的柱断面尺寸可以从表中获得,可以发现第3个标高段和第4个标高段的截面尺寸和前两段不同,KZ1的截面尺寸从下向上,截面逐渐变小。

(3) 柱纵筋:柱号后第7~10列,表示各柱段对应的柱纵筋的具体数值。注写时,柱号后第7列和柱号后第8~10列不能同时填写。

柱第1个标高段对应的是全部纵筋,为28根直径25mm的HRB400级钢筋。柱平法制图规则规定,仅在纵筋直径相同,各边根数也相同时,才能将纵筋写在"全部纵筋"这一列中。因此,纵筋28⌀25在截面内的分布为柱子四条边纵筋根数相同,均为8根。

柱第2个标高段也是标注在全部纵筋这列。24⌀25表示在截面内柱子四条边纵筋根数相同,均为7根。

柱第3个标高段"全部纵筋"这一列空白,纵筋填写在柱号后的第8~10列,表示柱的角筋为 4 根直径 22mm 的 HRB400 级钢筋，b 边一侧中部筋为 5 根直径 22mm 的 HRB400 级钢筋，即 b 边的两侧一共 10 根直径 22mm 的 HRB400 级钢筋。h 边一侧中部筋为 4 根直径 20mm 的 HRB400 级钢筋，即 h 边一共 8 根直径 20mm 的 HRB400 级钢筋。

第 4 个标高段的纵筋与第 3 个标高段相同。

(4) 柱箍筋：柱号后第 11 列和第 12 列，表示各柱段对应箍筋类型及具体数值。

柱第 1 个标高段的箍筋选用类型号 1，肢数为 6×6，表示箍筋竖向肢数和水平方向肢数都为 6 肢。箍筋的具体数值为 Φ10@100/200，表示箍筋的牌号为 HPB300，直径为 10mm，加密区箍筋间距为 100mm，非加密区箍筋间距为 200mm。

柱第 2 个标高段的箍筋也选用类型 1，肢数为 5×4，表示竖向肢数为 5 肢，水平方向肢数为 4 肢。箍筋的具体数值与第 1 个标高段一致。

柱第 3 个标高段与第 4 个标高段的箍筋信息可以从图中查看，注意这 4 个标高段的箍筋有什么不同。

【例 2-1】 箍筋的具体数值标注为 Φ10@100，解释其含义。

答：Φ10@100，表示沿着柱子全高范围内均为直径 10mm，间距 100mm 的 HPB300 级箍筋。

【例 2-2】 如果箍筋的具体数值标注为 Φ8@100/250(Φ10@100)，解释其含义。

答：Φ8@100/250(Φ10@100)表示柱子箍筋为 HPB300 级钢筋，直径为 8mm，加密区间距为 100mm，非加密区间距为 250mm。框架节点核心区箍筋为 HPB300 级钢筋，直径为 10mm，间距为 100mm。

【例 2-3】 如果箍筋的具体数值标注为 LΦ12@100/200，解释其含义。

答：LΦ12@100/200 表示采用螺旋箍筋，HPB300 级钢筋，直径为 12mm，加密区间距为 100mm，非加密区间距为 200mm。

2.2.2 柱平法施工图截面注写方式

柱平法施工图截面注写方式是在柱平面布置图上对所有柱子进行编号，在相同编号的柱中选择一个柱子原位放大，并在放大的图上直接注写截面尺寸和配筋具体数值。

截面注写方式适用于各种结构类型。采用截面注写方式，在柱截面配筋图上直接引注的内容有柱编号、柱高(分段起始高度)、截面尺寸、纵向钢筋、箍筋，如图 2-10 所示。设计时，可按单个柱标准层分别绘制，也可将多个标准层合并绘制，如图 2-11 所示。

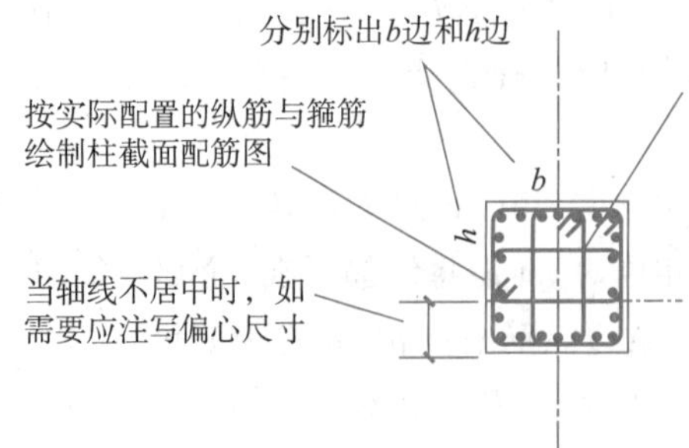

图 2-10 截面注写方式的注写内容

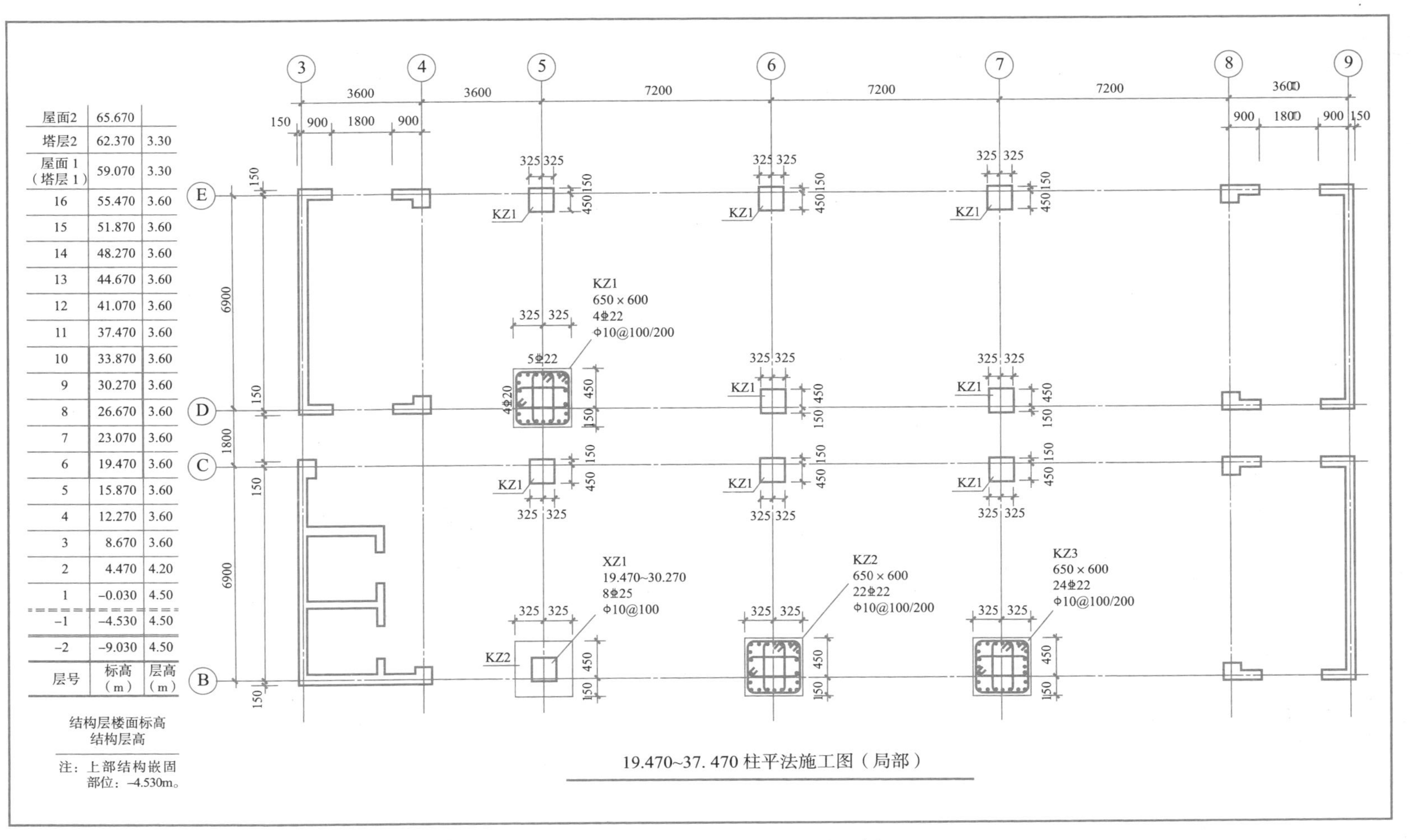

层号	标高（m）	层高（m）
屋面2	65.670	
塔层2	62.370	3.30
屋面1（塔层1）	59.070	3.30
16	55.470	3.60
15	51.870	3.60
14	48.270	3.60
13	44.670	3.60
12	41.070	3.60
11	37.470	3.60
10	33.870	3.60
9	30.270	3.60
8	26.670	3.60
7	23.070	3.60
6	19.470	3.60
5	15.870	3.60
4	12.270	3.60
3	8.670	3.60
2	4.470	4.20
1	-0.030	4.50
-1	-4.530	4.50
-2	-9.030	4.50

结构层楼面标高
结构层高

注：上部结构嵌固部位：-4.530m。

图 2-11　柱平法施工图截面注写方式示例

当按单个柱标准层分别绘制时，柱平法施工图的图纸张数与柱标准层的数量相等；当将多个标准层合并绘制时，信息更为集中，图纸数量更少。只要图面空间可以容纳应注写的内容，将多个柱标准层合并绘制可以方便设计者进行整体平衡调整，也更便于施工人员对结构形成整体概念。

因柱高通常与柱标准层竖向各层的总高度相同，所以柱高的注写属于选注内容，即当柱高与该页施工图所表达的柱标准层的竖向总高度不同时才注写。

直接引注的一般设计内容解释如下。

1. 注写柱编号

柱编号由柱类型代号和序号组成，见表 2-1。

2. 注写柱高

此项为选注值。当需要注写时，可以注写该段柱的起止层数，也可以注写该段柱的起止标高。见图 2-12 和图 2-13。例如：注写为“5～11 层”，表示该段柱的高度从 5 层至 11 层共 7 层；注写为“15.870～41.070”，表示该段柱的下端标高为 15.870m，上端标高为 41.070m。当按起止层数注写时，施工人员对照图中的“结构层楼面标高与层高表”即可查出该段柱的下端和上端标高及每层的层高；当按起止标高注写时，即可查出该段柱的起止层数和每层的层高。

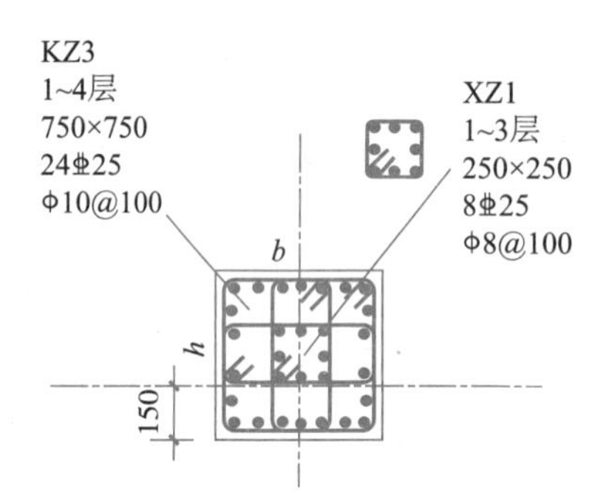

图 2-12 芯柱高度与该层柱高度

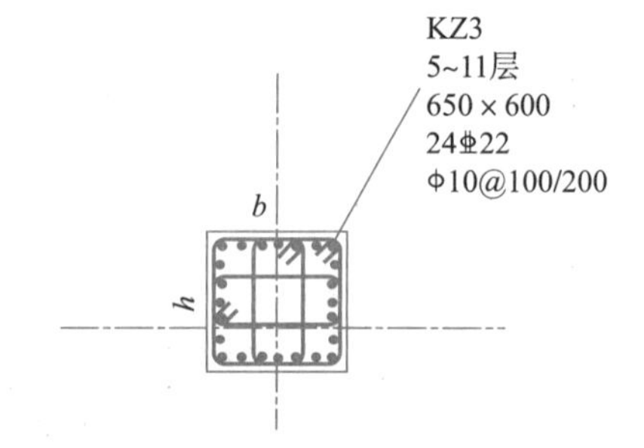

图 2-13 KZ3 的几何尺寸和配筋示例

3. 注写截面尺寸

矩形截面注写为 $b \times h$，规定截面的横边为 b 边（与 X 向平行），竖边为 h 边（与 Y 向平行），并应在截面配筋图上标注 b 及 h（当柱未正放时标注 b 及 h 尤其必要）。例如：650×600 表示柱截面的横边为 650mm，竖边为 600mm，见图 2-13。

当为圆形截面时，以 D 打头注写圆柱截面直径，例如：$D=600$，见图 2-14。当为异形柱截面时，需在截面外围注写各个部分的尺寸，见图 2-15。

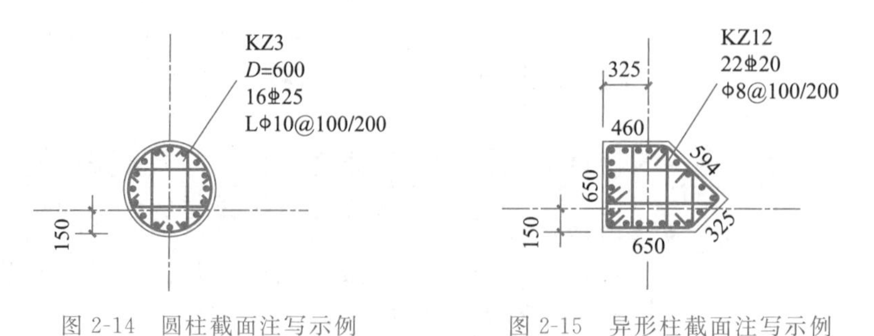

图 2-14 圆柱截面注写示例

图 2-15 异形柱截面注写示例

当采用截面注写方式同时表达多个柱标准层的设计信息时，除纵筋直径改变但根数不变的情况外，原位绘制的柱截面配筋图不能同时代表不同标准层的柱配筋截面，此时应自下而上将不同标准层的配筋截面就近绘制，并分别引注设计内容。

4. 注写纵向钢筋

当纵筋为同一直径时，无论为矩形截面还是圆形截面，均需注写全部纵筋。

当矩形截面的角筋与中部筋直径不同时，按“角筋＋b 边中部筋＋h 边中部筋”的形式注写，也可在直接引注中仅注写角筋，然后在截面配筋图上原位注写中部筋。当采用对称配筋时，可仅注写一侧中部筋，另一侧不注。

如图 2-16 所示，KZ1 角筋和中部筋直径不同，在引出标注中注写角筋信息为 4Φ22，在放大的柱截面上方注写 5Φ22，表示 b 边一侧中部筋为 5 根直径 22mm 的 HRB400 钢筋，下方与上方对称，省略不注；在左方注写 4Φ20，表示 h 边一侧中部筋为 4Φ20，右边与左边对称，省略不注。

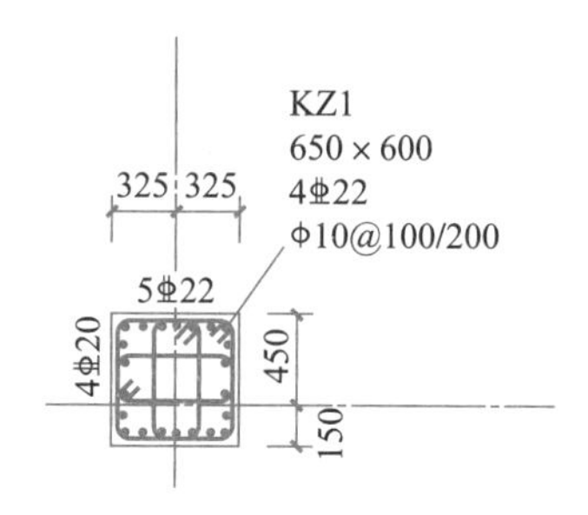

图 2-16　矩形柱截面注写示例

当异形截面的角筋与中部筋直径不同时，按“角筋＋中部筋”的形式注写，例如 5Φ25＋17Φ22 表示角筋为 5Φ25，各边中部筋为 17Φ22（具体分布见截面配筋图），见图 2-17(a)；也可直接在引注中注写角筋，然后在截面配筋图上原位注写中部筋，见图 2-17(b)。

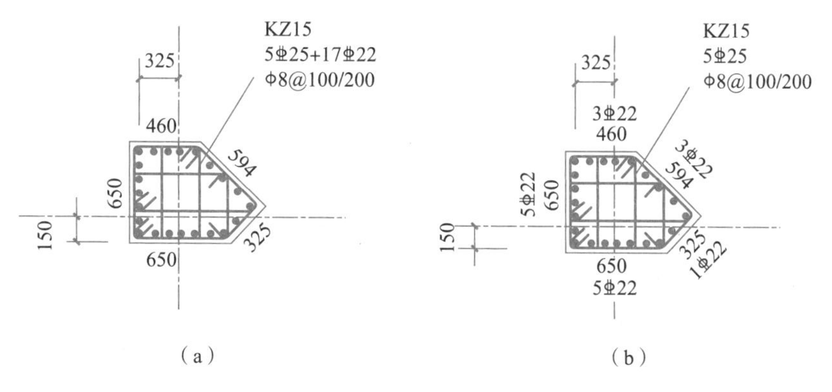

图 2-17　异形截面配筋示例

5. 注写箍筋，包括钢筋级别、直径与间距

当圆柱采用螺旋箍时，需在箍筋前加“L”（图 2-14）；箍筋的肢数及复合方式在柱截面配筋图上表示。当为抗震设计时，用“/”区分箍筋加密区与非加密区长度范围内箍筋的不同间距；当箍筋沿柱全高为一种间距时（如柱全高加密的情况），则不使用“/”。例如：Φ10@100/200，表示箍筋为 HPB300 钢筋，直径为 10mm，加密区间距为 100mm，非加密区间距

为 200mm，见图 2-15。

任务 2.3 解读柱纵筋标准配筋构造

框架柱的钢筋构造可以根据构造所处部位、具体构造内容等层次进行分类，构成框架柱钢筋构造的分解系统见图 2-18。

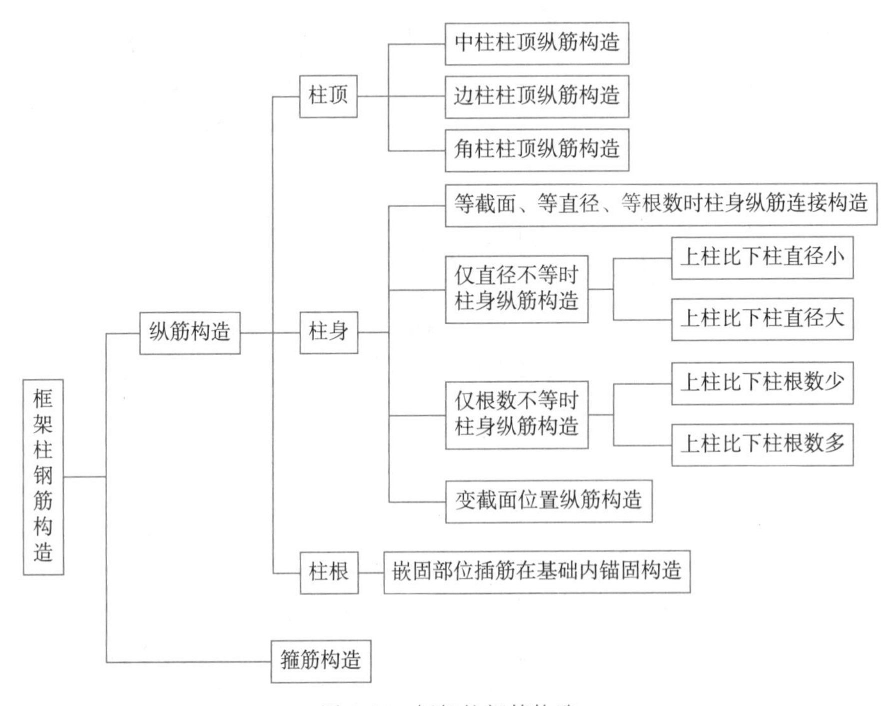

图 2-18 框架柱钢筋构造

以上系统应按抗震构造和非抗震构造分解为两个体系。

2.3.1 柱插筋的锚固构造解读

1. 柱插筋在基础内的锚固构造解读

框架柱不仅是框架梁的支座，也是建筑结构体系中非常重要的竖向承重构件，建筑物上部的全部荷载，最终都将通过它传递给基础，基础承受由柱子传下来的荷载并将力传递给地基。框架柱插筋在基础内的锚固构造分四种，见图 2-19。解读如下。

(1) 本图适用于独基、条基、桩基、筏基等各类基础。

(2) 图中标注的 d 均指插筋直径，h_j 为基础的高度。带基础梁的基础，h_j 为基础梁顶面至基础梁底面的高度，当柱两侧基础梁标高不同时取较低标高。

(3) 四种锚固构造的插筋均需伸到基础底部并支在基础底板的钢筋网上；插筋底部均做成 90°的弯钩，弯钩水平段的投影长度为 $15d$[当 $h_j \leqslant l_{aE}(l_a)$时]或 $6d$ 且$\geqslant$150[当 h_j>

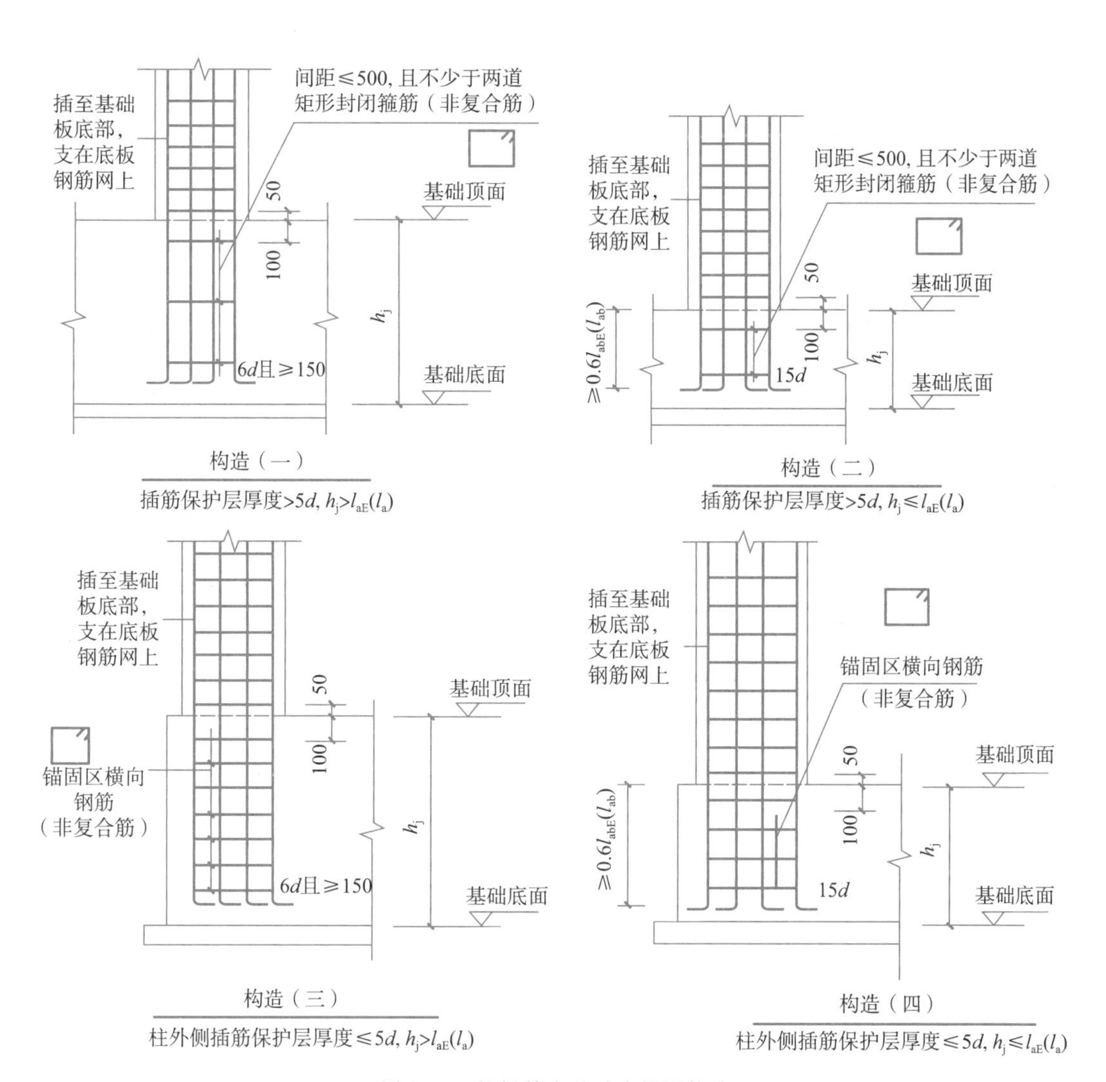

图 2-19 柱插筋在基础内锚固构造

$l_{aE}(l_a)$时]。当 $h_j\leqslant l_{aE}(l_a)$时，插筋在基础内锚固的垂直段投影长度还应满足$\geqslant 0.6l_{abE}(l_{ab})$的要求。

(4) 柱插筋在基础高度范围内均需设置非复合箍，且基顶向下第一道非复合箍距基顶的尺寸规定为 100mm。当柱外侧插筋保护层厚度$>5d$ 时，设置间距$\leqslant$500mm 且不少于两道非复合箍；当柱外侧插筋保护层厚度$\leqslant 5d$ 时，非复合箍的设置应满足直径$\geqslant d/4$(d 为插筋最大直径)，间距取 100mm。

(5) 当柱插筋部分保护层厚度不一致时(如部分位于板中，部分位于梁内)，保护层厚度$\leqslant 5d$ 的部位应设置锚固区横向箍筋(非复合箍)。

(6) 当柱为轴心受压或小偏心受压，独立基础、条形基础高度$\geqslant$1200mm 时，或当柱为大偏心受压，独立基础、条形基础高度$\geqslant$1400mm 时，可仅将柱四角插筋伸至底板钢筋网上(伸至底板钢筋网上的柱插筋之间的间距不应大于 1000mm)，剩余钢筋满足锚固长度 $l_{aE}(l_a)$ 且底部不需要弯钩。

2. 柱插筋在梁内的锚固构造解读

柱插筋在梁内的锚固构造指的是梁上柱的插筋锚固构造。梁上柱常见于楼梯间，如生根在框架梁上，承托层间平台梁的小柱子，如图 2-20 所示。

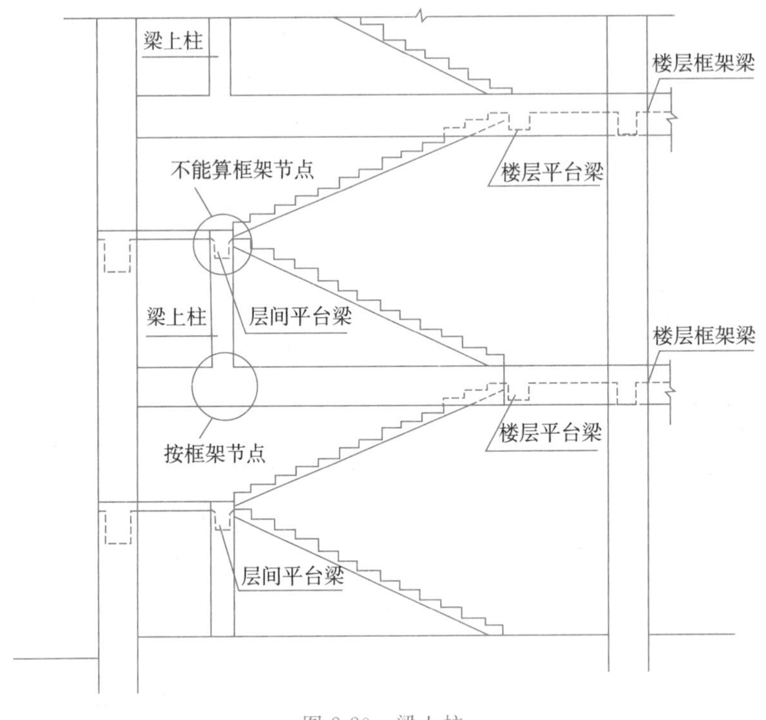

图 2-20　梁上柱

图 2-20 中梁上柱的上端柱子纵筋锚固可按构造柱处理，不能按框架节点处理。其下端插筋锚固构造，见图 2-21。

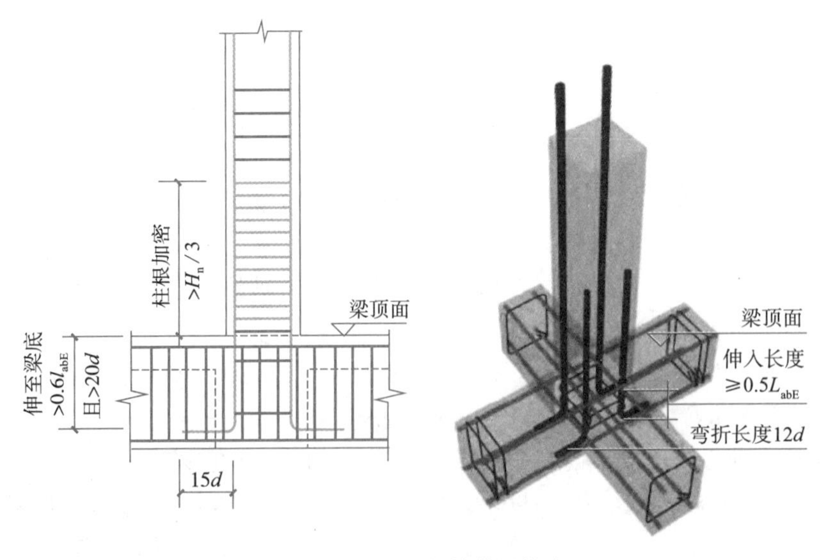

图 2-21　梁上柱插筋锚固构造

梁上柱插筋锚固构造解读如下。

(1) 无论梁高多少，插筋均采用 90°弯锚形式并支至梁下部受力筋上。弯钩水平投影长度取 $15d$，梁内竖向插筋的锚固投影长度均必须满足≥$0.6l_{abE}(l_{ab})$且≥$20d$ 的要求。

(2) 梁上起柱，在梁高范围内设两道柱子箍筋，同时，在嵌固部位的柱子下端≥柱净高的 1/3 范围进行箍筋加密。

(3) 梁上柱的柱根嵌固部位在梁顶标高处。

(4) 梁上起柱时，应在与该梁垂直的方向设置交叉梁，以平衡柱脚在该方向的弯矩。

(5) 框架梁上起柱，应尽量设计成梁的宽度大于柱宽度。当梁的宽度小于柱宽度时，梁应设置水平腋把柱底包住。

3. 柱插筋在剪力墙内的锚固构造

剪力墙上起柱，其插筋在剪力墙内的锚固构造有两种方式，一种是柱与墙重叠一层，另一种是柱纵筋锚固在墙顶，见图 2-22。

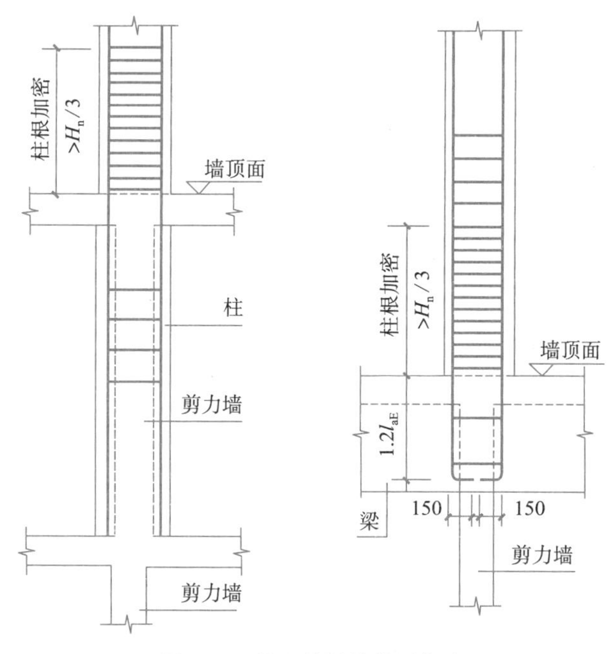

图 2-22　墙上柱插筋锚固构造

请参照图集 22G101-1 中第 68 页，练习解读墙上柱的插筋锚固构造。

2.3.2　柱身纵筋标准配筋构造

1. 框架柱的地震力弯矩图和纵筋的非连接区

柱身纵筋标准配筋构造分为抗震和非抗震两种。规范规定，抗震设防烈度≥6 度的地区均需考虑对房屋进行抗震设防。按此标准，我国绝大部分地区均属于抗震设防区，因此本小节重点针对抗震框架柱进行讲述。非抗震框架柱的相关内容可参考抗震框架柱的相关内容进行学习。

柱为偏心受压构件。当抗震时,框架结构要承受往复水平地震作用。地震作用对框架柱产生的作用效应,主要是在柱身产生弯矩和剪力,见图 2-23。

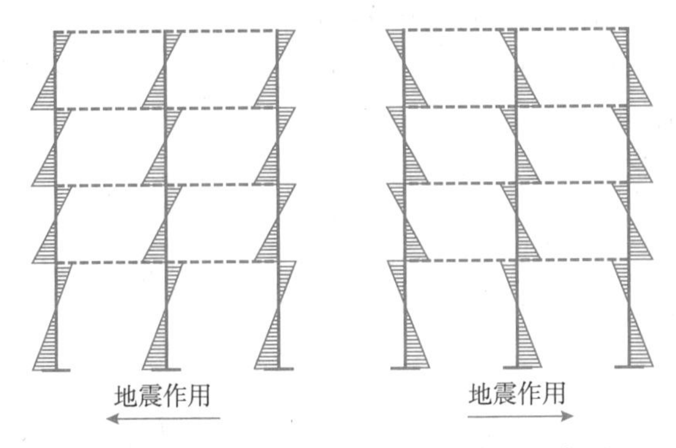

图 2-23 框架柱在地震作用下的弯矩示意图

由图 2-23 可见,框架柱弯矩的反弯点通常在每层柱的中部,显然弯矩反弯点附近的内力较小,在此范围进行连接符合规范中关于"受力钢筋连接应在内力较小处"的规定。为此,规范明确规定,抗震框架柱梁节点附近为柱纵向受力钢筋的非连接区(注意:此规定为适应我国钢筋连接技术未能达到足够强度连接标准而设,是适应当时技术的规定)。

抗震框架柱纵筋非连接区示意见图 2-24。

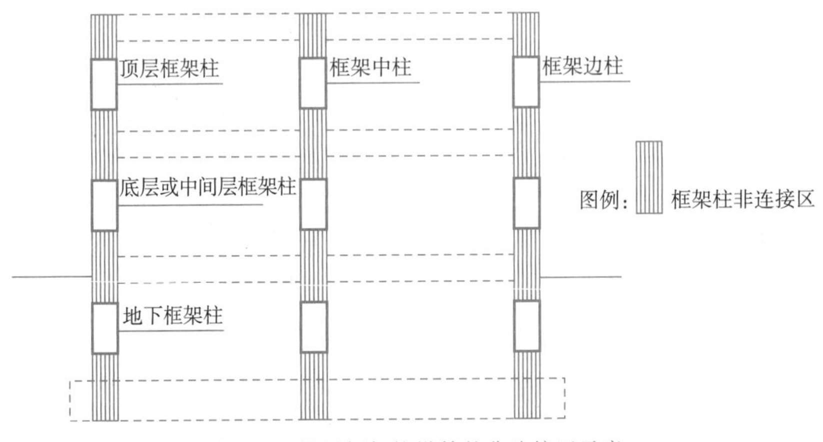

图 2-24 抗震框架柱纵筋的非连接区示意

除非连接区外,框架柱的其他部位为允许连接区。但应注意,允许连接区并不意味着必须连接,当钢筋定尺长度可以满足两层要求,施工工艺也能保证钢筋稳定时,即可将柱纵筋伸至上一层连接区进行连接。总之,"避开柱梁节点非连接区"和"连接区内能通则通"是抗震框架柱纵向钢筋连接的两个主要规定。

特别提示

钢筋混凝土结构由钢筋与混凝土两种材料构成,两种材料同样重要。对抗震框架而言,当钢筋刚达到屈服强度时结构不会发生严重破坏,但当混凝土被压碎或被剪切破坏时,钢筋会随即被压曲破坏,因此框架抗震时混凝土材料的重要性甚至高于钢筋。

2. 框架柱柱身纵筋的连接构造解读

在实际施工中，通常受到诸多因素的制约而不得不将钢筋在某些位置截断，而后再进行接长。例如，变形钢筋的定尺长度一般为 9m 或 12m，再加上高度方向上各柱段纵筋的直径有可能不同，以及施工条件的限制等，导致柱纵向钢筋总长度范围内不可避免会存在接头。

钢筋的连接可分为绑扎搭接、机械连接和焊接三种。设计图纸中钢筋的连接方式均应予以注明。

当嵌固部位和基础顶标高一致时，抗震框架柱的纵筋连接构造见图 2-25；嵌固部位和基础顶标高不一致时，抗震框架柱的纵筋连接构造见图 2-26。因为三种连接方式的纵筋非连接区是一致的，所以图中省略了绑扎搭接的情况。

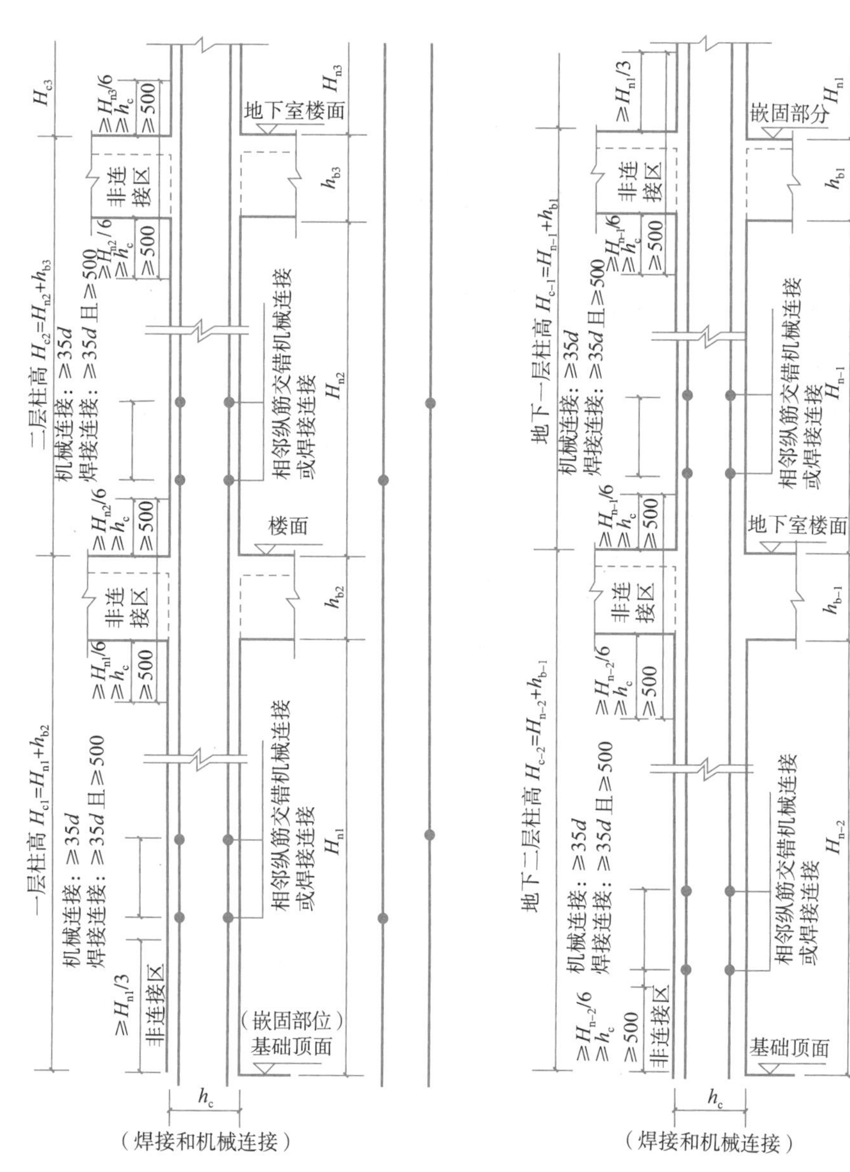

图 2-25 框架柱身纵筋连接构造　　图 2-26 地下室框架柱身纵筋连接构造

图 2-25 和图 2-26 解读如下。

(1) 本图适用于上下柱等截面、等根数、等直径的情况。其他情况见 22G101-1 第 66 页。

(2) 图中 H_{c1} 为一层柱高，H_{c2} 为二层柱高；H_{c-1} 为地下一层柱高，H_{c-2} 为地下二层柱高；H_{n1} 为一层柱净高，H_{n2} 为二层柱净高；H_{n-1} 为地下一层柱净高，H_{n-2} 为地下二层柱净高；h_{b3} 为三层楼面梁高，h_{b2} 为二层楼面梁高，h_{b1} 为一层地面梁高，h_{b-1} 为地下一层楼面梁高。

(3) 柱嵌固部位非连接区为 $\geqslant H_{ni}/3$；其余所有柱端非连接区为 $\geqslant H_{ni}/6$、$\geqslant h_c$、$\geqslant$500mm“三控”高度值。即在以上三个条件同时满足时，应在三个控制值中取最大值。H_{ni} 为非连接区所在楼层的柱净高代表值，h_c 为柱截面长边尺寸(圆柱为截面直径)。例如，图中的嵌固部位处的“$\geqslant H_{ni}/3$”应为“$\geqslant H_{n1}/3$”，其余类同。

(4) 柱相邻纵筋连接接头要相互错开。同一截面内钢筋接头面积百分率不宜大于 50%。

(5) 框架柱纵向钢筋应贯穿中间层节点，不应在中间各层节点内截断，钢筋接头必须设在节点区以外。

任务 2.4 解读柱箍筋标准配筋构造

本任务主要学习框架柱箍筋加密区范围和箍筋沿纵向的排布构造。

2.4.1 框架柱的箍筋标注

框架柱的箍筋，在施工图上需要注明钢筋的级别、直径、加密区间距和非加密区间距。例如，ϕ8@100/200，表示直径 8mm 的 HPB300 级箍筋，加密区间距为 100mm，非加密区间距为 200mm。非抗震框架柱的施工图一般只标注一种箍筋间距，如 ϕ8@200。

2.4.2 框架柱箍筋的加密区范围和箍筋沿纵向的排布构造

为实现强节点的结构设计目标，保证结构的安全，各类柱要求在每层柱净高上端和下端一定范围内的箍筋必须按要求加密，此范围连同节点区域合称为柱的箍筋加密区；每层柱子的中段，箍筋不需要加密的区域称为箍筋非加密区。

一般情况下，除具体工程设计标注有全高加密箍筋柱之外，有抗震设计要求的柱箍筋应按照图 2-27 所示加密区范围进行加密。

图 2-27 解读如下。

(1) 柱的箍筋加密区范围：柱端取 500mm、截面较大边长(或圆柱直径)、柱净高的 1/6 三者的最大值。

(2) 在嵌固部位的柱下端≥柱净高的 1/3 范围内进行箍筋加密。

(3) 当有刚性地面时，除柱端箍筋加密区外，还应在刚性地面上、下各 500mm 的高度范围内加密箍筋。当边柱室内、外均为刚性地面时，加密区范围取各自上下的 500mm。当边柱仅一侧有刚性地面时，也应按此要求设置加密区。

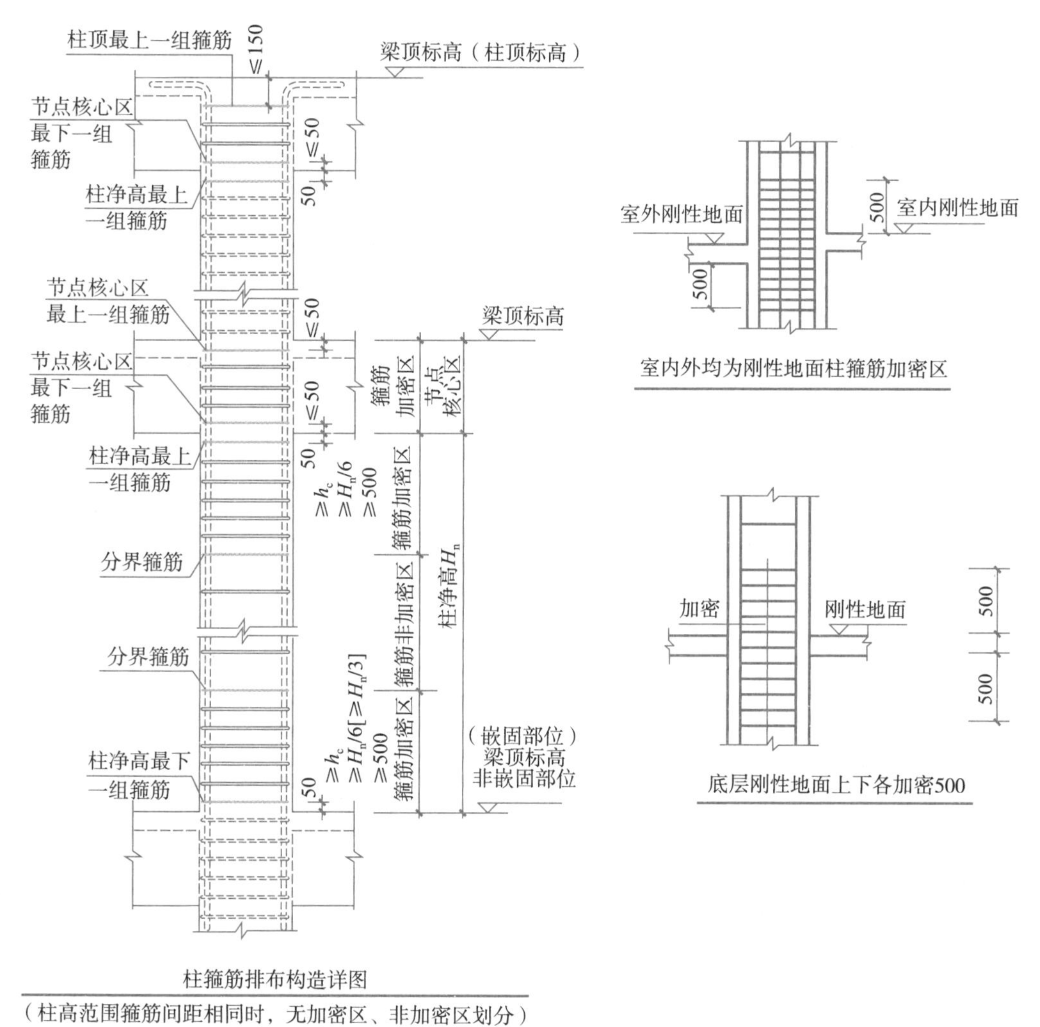

图 2-27　框架柱箍筋的加密区范围和柱箍筋沿柱纵向排布构造详图

(4) 梁柱节点区域取梁高范围进行箍筋加密。

(5) 当柱纵筋采用搭接连接时，应在柱纵筋搭接长度范围内按≤5d（d 为搭接钢筋较小直径）及≤100mm 的间距加密箍筋。一般按设计标注的箍筋加密间距施工即可。

(6) 加密区箍筋不需要重叠设置，按加密箍筋要求合并设置即可。

(7) 柱净高范围最下一组箍筋距底部梁顶 50mm，最上一组箍筋距顶部梁底 50mm。

(8) 节点区最下、最上一组箍筋距节点区梁顶、梁底均不大于 50mm，当顶层柱顶和梁顶标高相同时，节点区最上一组箍筋距梁顶不大于 150mm。节点区内部箍筋间距依据设计要求并综合考虑节点区梁纵向钢筋位置排布设置。

2.4.3　柱箍筋加密区的高度选用

施工时柱箍筋加密区的高度可按表 2-3 直接查用。

表 2-3　框架柱箍筋加密区高度选用表　　　　单位：mm

柱净高H_n	柱截面长边尺寸h_c或圆柱直径D																		
	400	450	500	550	600	650	700	750	800	850	900	950	1000	1050	1100	1150	1200	1250	1300
1500																			
1800	500																		
2100	500	500	500																
2400	500	500	500	550															
2700	500	500	500	550	600	650													
3000	500	500	500	550	600	650	700												
3300	550	550	550	550	600	650	700	750	800										
3600	600	600	600	600	600	650	700	750	800	850									
3900	650	650	650	650	650	650	700	750	800	850	900	950							
4200	700	700	700	700	700	700	700	750	800	850	900	950	1000						
4500	750	750	750	750	750	750	750	750	800	850	900	950	1000	1050	1100				
4800	800	800	800	800	800	800	800	800	800	850	900	950	1000	1050	1100	1150			
5100	850	850	850	850	850	850	850	850	850	850	900	950	1000	1050	1100	1150	1200	1250	
5400	900	900	900	900	900	900	900	900	900	900	900	950	1000	1050	1100	1150	1200	1250	1300
5700	950	950	950	950	950	950	950	950	950	950	950	950	1000	1050	1100	1150	1200	1250	1300
6000	1000	1000	1000	1000	1000	1000	1000	1000	1000	1000	1000	1000	1000	1050	1100	1150	1200	1250	1300
6300	1050	1050	1050	1050	1050	1050	1050	1050	1050	1050	1050	1050	1050	1050	1100	1150	1200	1250	1300
6600	1100	1100	1100	1100	1100	1100	1100	1100	1100	1100	1100	1100	1100	1100	1100	1150	1200	1250	1300
6900	1150	1150	1150	1150	1150	1150	1150	1150	1150	1150	1150	1150	1150	1150	1150	1150	1200	1250	1300
7200	1200	1200	1200	1200	1200	1200	1200	1200	1200	1200	1200	1200	1200	1200	1200	1200	1200	1250	1300

500区域　箍筋全高加密区域　柱长边尺寸区域　$H_n/6$区域

注：① 表内数值未包括框架嵌固部位柱根部箍筋加密区范围（$H_n/3$）；
② 柱净高（包括因嵌砌填充墙等形成的柱净高）与柱截面长边尺寸（圆柱为截面直径）的比值$H_n/h_n \leq 4$时，箍筋沿柱全高加密；
③ 小墙肢即墙肢长度不大于墙厚4倍的剪力墙，矩形小墙肢的厚度不大于300时，箍筋全高加密。

小　结

本项目主要介绍了平法柱施工图的识读和柱纵筋、箍筋的基本构造。首先简要说明了平法柱的编号、柱内钢筋分类等；其次介绍了平法柱的两种注写方式，即柱平法施工图列表注写方式和截面注写方式；最后详细阐述了框架柱的钢筋构造，包括纵筋的连接、锚固，以及箍筋的复合形式和构造方式。

学习笔记

能力训练

1. 平法柱是如何编号的？

2. 矩形箍筋的复合方式有哪些？

3. 柱子矩形复合箍筋的施工排布原则有哪些？

4. 柱子平法施工图有哪两种注写方式？各包含哪些内容？

5. 柱内的钢筋类型有哪几类？

6. 已知某中柱截面钢筋分布为 $i=9$, $j=7$，求：

(1) 中柱截面钢筋总数为多少根？

(2) h 边两侧的中部筋一共有多少根？

7. 框架柱的复合箍筋为 8×7 肢箍，问最少能摆放几根纵筋？最多能摆放几根纵筋？

8. 某教学楼工程的柱平法施工图(图 2-28)采用列表注写方式绘制。KZ1 的工程信息见表 2-4。试绘制 KZ1 的截面图和立面图。

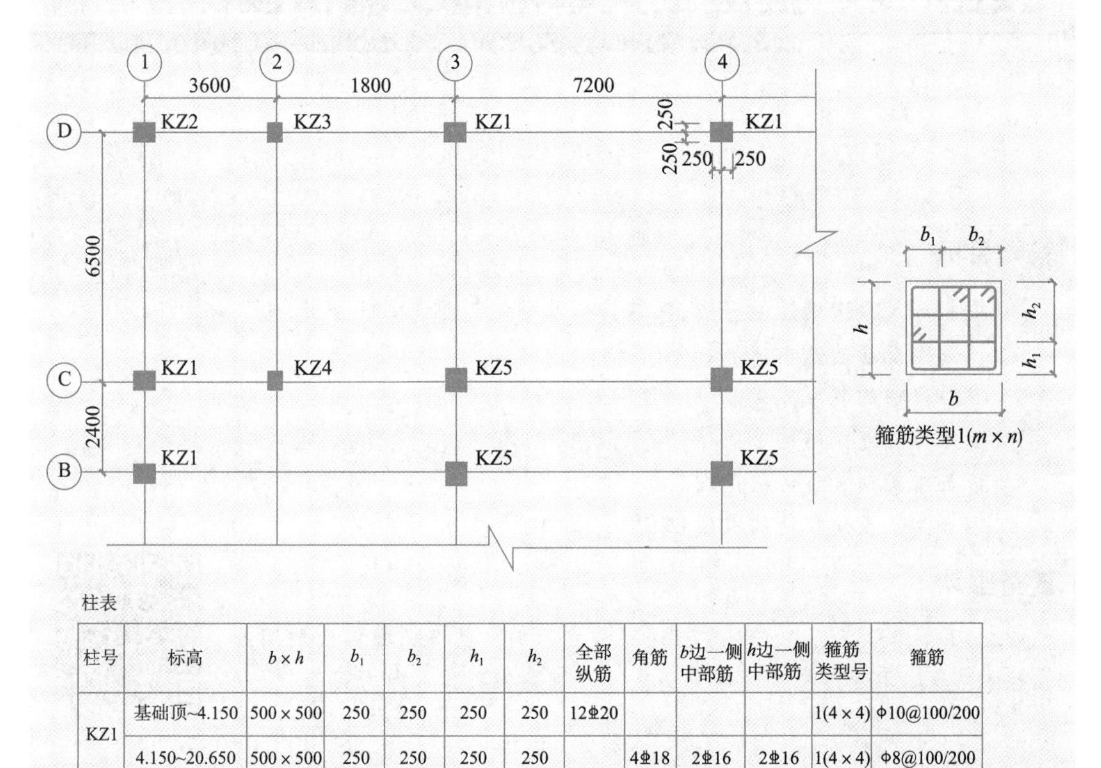

柱表

柱号	标高	$b\times h$	b_1	b_2	h_1	h_2	全部纵筋	角筋	b边一侧中部筋	h边一侧中部筋	箍筋类型号	箍筋
KZ1	基础顶~4.150	500×500	250	250	250	250	12Φ20				1(4×4)	φ10@100/200
	4.150~20.650	500×500	250	250	250	250		4Φ18	2Φ16	2Φ16	1(4×4)	φ8@100/200

图 2-28　柱平法施工图

表 2-4　KZ1 工程信息表

层号	顶标高/m	层高/m	梁截面高度/m X向/Y向	
3	10.750	3.3	550/550	混凝土强度等级:C25 抗震等级:三级 环境类别:一类 顶层现浇板板厚:100mm 钢筋没有特殊锚固条件
2	7.450	3.3	550/550	
1	4.150	4.2	550/550	
基础	−1.050	基础顶面到一层地面高 1.0		

项目 3 混凝土梁平法施工图识读

教学目标

1. 掌握梁及梁内钢筋的分类、配筋构造及平法制图规则的含义。
2. 了解梁配筋的基本情况。
3. 熟悉箍筋的复合方式。
4. 掌握纵筋连接的构造。
5. 掌握梁箍筋加密区的范围。
6. 掌握梁支座处负筋的截断位置。

任务驱动

二维码中为梁平法施工图平面注写方式示例。结合已掌握的制图知识，围绕二维码中图所表达的图形语言及截面注写数字和符号的含义，通过学习逐步读懂和理解梁平法施工图。

任务 3.1 认识混凝土梁外观形态及构造

本任务主要介绍梁构件的类别和梁构件的钢筋构造。

3.1.1 混凝土梁的分类和编号

按照梁截面的形状，可分为矩形截面、工字形截面、T 形截面和花篮形截面，如图 3-1 所示。

从梁的纵向截面看，一般梁都是等截面的，有时会有竖向加腋梁、水平加腋梁或者鱼腹梁，如图 3-2 所示。

在工程实际中，矩形截面梁仍是量大面广的梁形态。挑梁偶尔会是矩形变截面的。

平法施工图将梁分成 8 类，分别为楼层框架梁、楼层框架扁梁、屋面框架梁、框支梁、托柱转换梁、非框架梁、悬挑梁和井字梁。除框支梁之外，其他所有类型的梁平面形状均可为弧形。

各类梁的编号均由梁类型、代号、序号、跨数及有无悬挑代号组成，梁的标注应符合表 3-1 的规定。

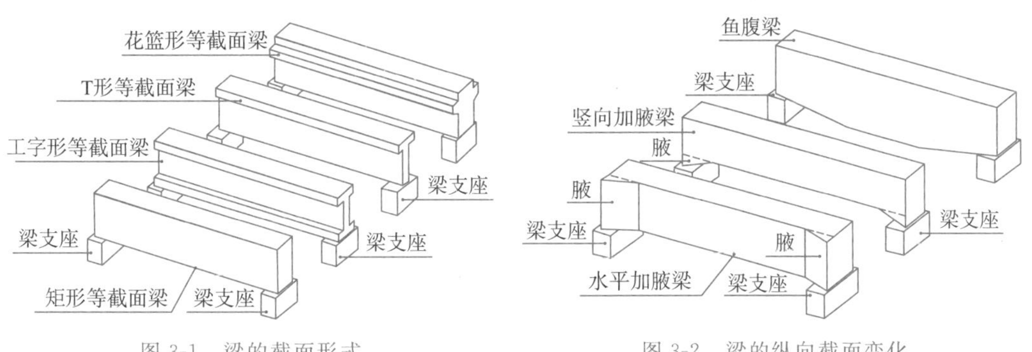

图 3-1 梁的截面形式　　图 3-2 梁的纵向截面变化

表 3-1 梁的分类和编号

梁类型	代号	序号	跨数及是否带悬挑	备　注
楼层框架梁	KL	××	(××)、(××A)或(××B)	支座为框架柱的非顶层梁
楼层框架扁梁	KBL	××	(××)、(××A)或(××B)	
屋面框架梁	WKL	××	(××)、(××A)或(××B)	支座为框架柱的顶层梁
框支梁	KZL	××	(××)、(××A)或(××B)	与框架柱组成框支结构
托柱转换梁	TZL	××	(××)、(××A)或(××B)	以梁(框架梁或非框架梁)为支座的梁
非框架梁	L	××	(××)、(××A)或(××B)	当非框架梁 L 按受扭设计时,在梁代号后加“N”
悬挑梁	XL	××	(××)、(××A)或(××B)	
井字梁	JZL	××	(××)、(××A)或(××B)	

表 3-1 中括号内的 A 表示一端有悬挑,B 表示两端有悬挑,悬挑部位不计入跨数。图 3-3 为某 2 跨梁单侧悬挑,图 3-4 为梁双侧悬挑。实际工程中,框架梁悬挑端的尽端部位都设置一个小边梁(图 3-5),这个小边梁属于非框架梁 L。

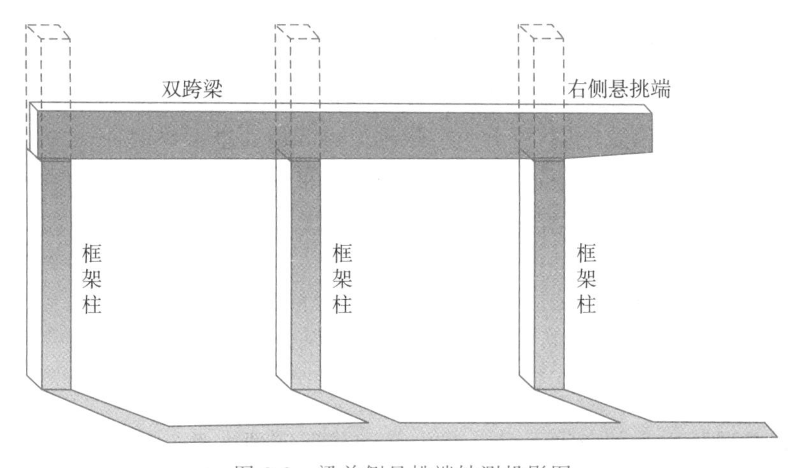

图 3-3 梁单侧悬挑端轴测投影图

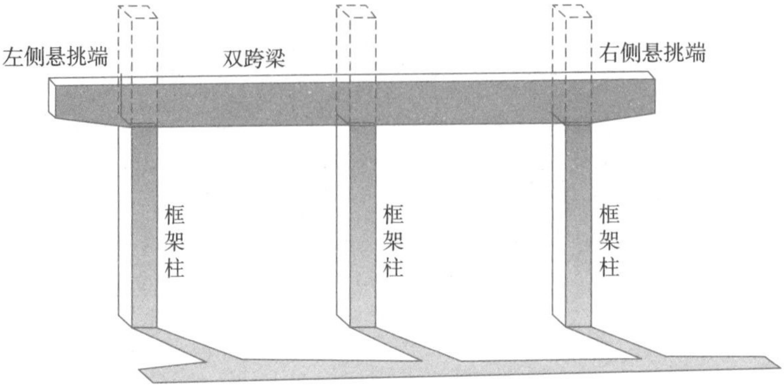

图 3-4　梁双侧悬挑端轴测投影图

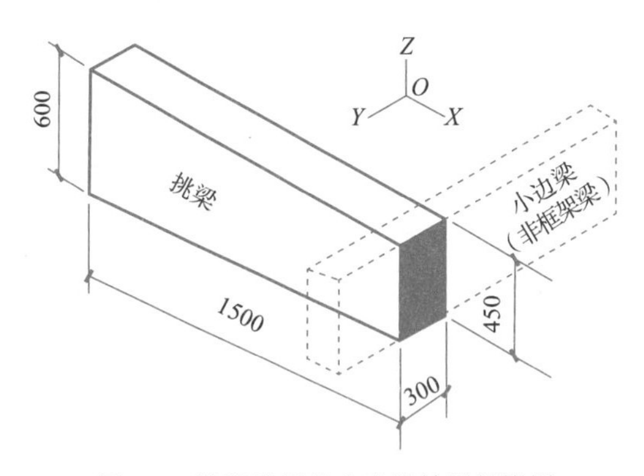

图 3-5　挑梁端部的小边梁轴测投影图

例如：KL4(3A)表示 4 号楼层框架梁，3 跨，一端有悬挑。

WKL6(4)表示 6 号屋面框架梁，4 跨，两端均无悬挑。

KZL1(2B)表示 1 号框支梁，2 跨，两端均有悬挑。

L2(5B)表示 2 号非框架梁，5 跨，两端均有悬挑。

XL4 表示 4 号纯悬挑梁。

JZL2(2)表示 2 号井字梁，2 跨，两端均无悬挑。

表 3-1 中 8 种类型的梁，以框架梁和非框架梁最为常见。

根据框架梁所处的位置不同，可分为楼层框架梁和屋面框架梁两种。

根据工程是否考虑抗震设防，框架梁分为非抗震框架梁和抗震框架梁。框架梁的抗震等级可分为一级、二级、三级和四级，因此有三级抗震楼层框架梁、非抗震屋面框架梁的叫法。

3.1.2　梁内钢筋的分类

梁内钢筋从是否受力的角度可分为受力筋和构造筋两大类。受力筋根据梁的受力情况经荷载组合计算而得；构造筋（腰筋、架立筋及拉筋）不需要计算，而是根据现行设计规范的相关规定进行设置。构造筋虽然不用计算,但在梁内却是不能缺少的钢筋。梁内钢筋分类及名称见图 3-6。

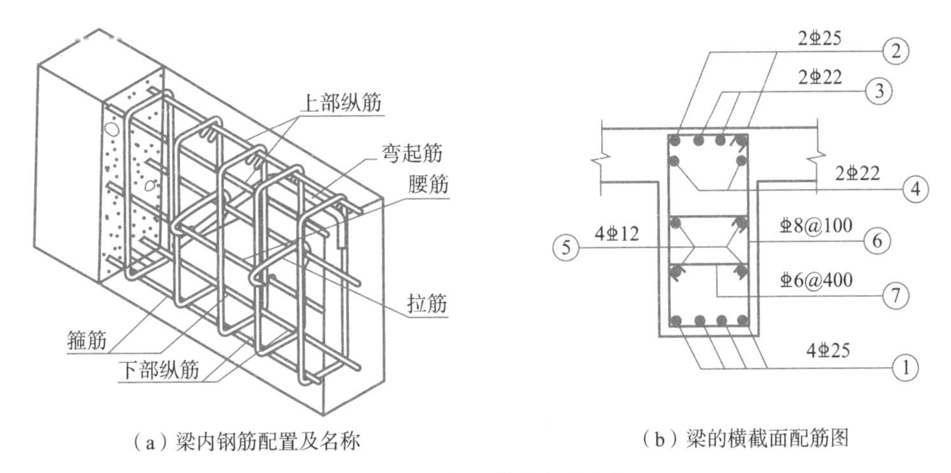

图 3-6 梁内钢筋分类及名称

抗震楼层框架梁的钢筋骨架,如图 3-7 所示。

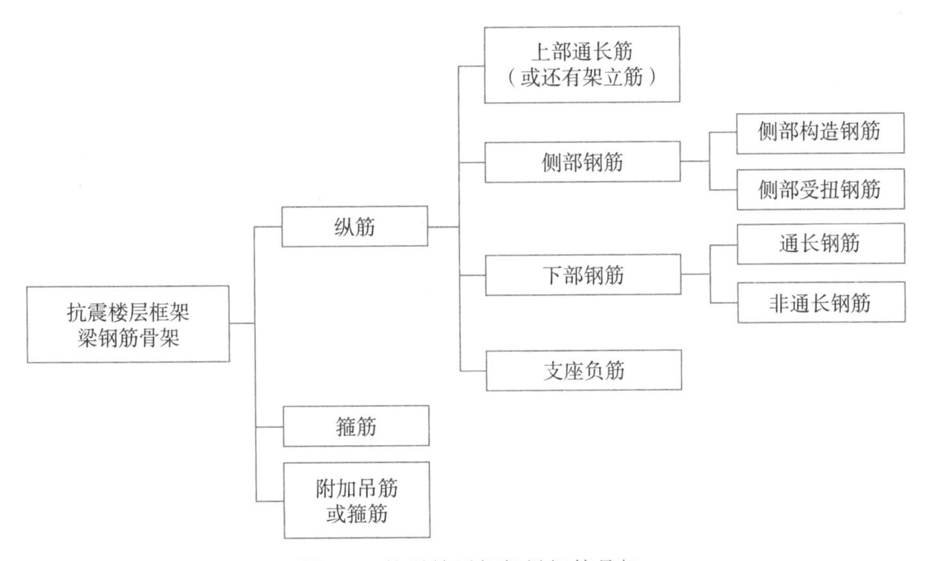

图 3-7 抗震楼层框架梁钢筋骨架

下面对梁内的钢筋按照纵向钢筋、箍筋、腰筋和拉筋、附加横向钢筋的顺序,分别予以介绍。

1. 梁内纵向钢筋

1)纵向钢筋及其间距

梁内纵向钢筋分为上部纵筋和下部纵筋。上部纵筋可为受力筋或架立筋(简支梁的上部筋);下部纵筋中除悬挑梁下部筋为架立筋外,其余均为受力筋。上、下部纵筋较多时,可放置两排或三排。如图 3-6(b)中,②号、③号和④号筋为上部纵筋,①号筋为下部纵筋,其中,②号、③号筋为上部第一排纵筋,④号筋为上部第二排纵筋,下部纵筋只有一排。

梁上、下部纵筋的水平方向和垂直方向之间都要按要求保持一定的净距以保证混凝土的浇筑质量。

2）梁的范围及与钢筋构造相关的基本名词介绍

图 3-8 中阴影部分（钢筋混凝土图例）为梁的范围，与其相关联的柱是梁的支座。图左侧的柱子为梁的端支座，右侧的柱子为梁的中间支座；l_1 为梁的第一跨（统称端跨）跨度，其为①轴和②轴之间的距离；l_2 为梁的第二跨（统称中间跨）跨度，其为②轴和③轴之间的距离。

图 3-8 中 l_{n1} 为梁的第一跨净跨，l_{n2} 为梁的第二跨净跨，可见净跨的范围才是梁的真正范围。

为了清晰表达，图 3-8 中只画出了梁内的上、下部纵筋，并将梁的纵筋在支座内的锚固部分用虚线绘制，以示区别。图中梁的上、下部纵筋在端支座的锚固方式，称为弯锚构造，弯锚需分别标注水平段和垂直段的投影长度。下部纵筋在中间支座的锚固方式，称为直锚构造，直锚纵筋在柱内的锚固长度不足时，可继续向前延伸至对面的梁或板的混凝土内。

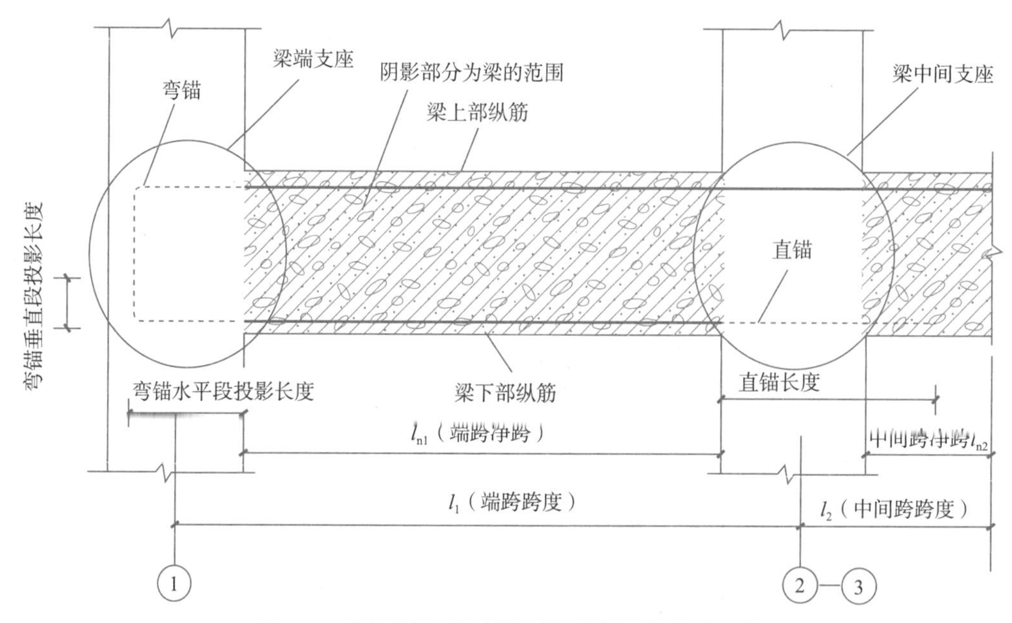

图 3-8　梁的范围及钢筋构造相关的基本名称示意

特别提示

梁的上部纵筋在中间支座内应保持连续，不能有钢筋的接头。

3）上部通长筋、非通长筋的绑扎位置

图 3-8 中的梁下部纵筋通常为贯通筋（也称通长筋），而梁的上部纵筋常有通长筋（也称贯通筋）和非通长筋（也称支座负筋）的区别。图 3-9 为单跨框架梁钢筋轴测投影示意图，图 3-10 为双跨框架梁钢筋轴测投影示意图。两幅图可以明确表示出上部通长筋与非通长筋。

图 3-9 中端支座上部非通长纵筋有 90°的弯钩，称为梁支座负筋；图 3-10 中间支座上部

非通长纵筋为直线段,称为梁支座负筋。因直线形负筋以中间支座的中心线为对称轴左右对称,所以俗称“扁担筋”。

绝大多数抗震楼层框架梁内的钢筋配置和绑扎位置与图 3-9 和图 3-10 基本一致,只不过纵筋的直径、根数或排数等有可能不同。图 3-9 和图 3-10 中上部通长筋均为两根,相应的箍筋均为双肢箍。图 3-9 和图 3-10 是框架梁钢筋绑扎的标准模型,熟悉梁内钢筋的配置,对学习梁平法施工图识读和配筋构造可以达到事半功倍的效果。

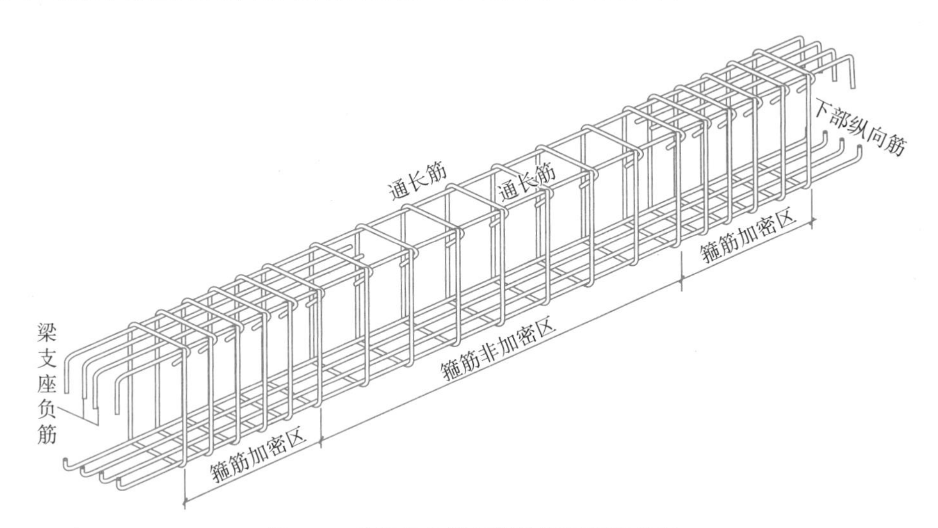

图 3-9　单跨框架梁钢筋轴测投影示意图

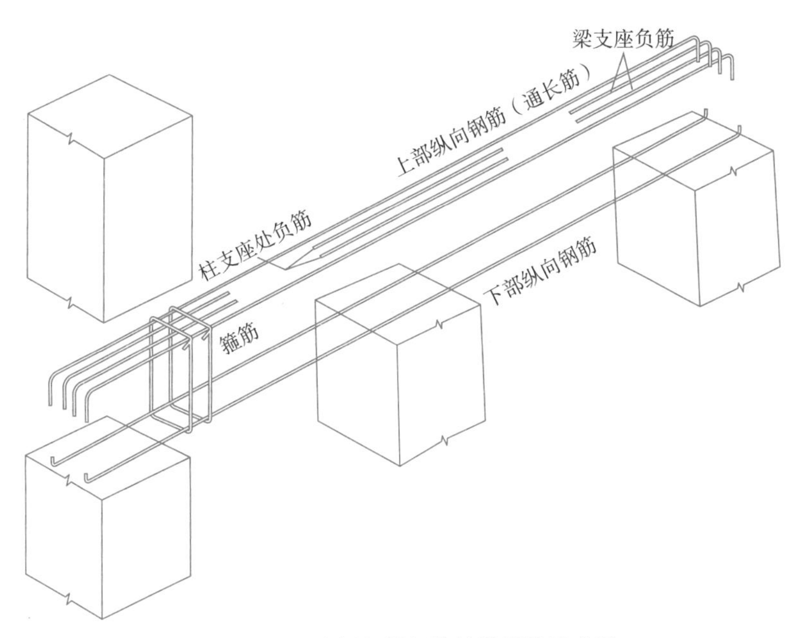

图 3-10　双跨框架梁钢筋轴测投影示意图

4）梁上部架立筋的设置条件和摆放位置

图 3-10 中梁上部通长筋为两根,相应的箍筋为双肢箍。如果下部纵筋为 4 根,图中梁

的箍筋改为四肢箍,是否可行?如果不可行,该如何处理呢?

图 3-10 中梁第一跨上方的中间部位,有两根通长筋通过双肢箍的角部,如果改为四肢箍,会发现此位置四肢箍内的小套箍角部没有钢筋通过,这违反了“箍筋角部必须有纵筋通过”的基本常识,所以改为四肢箍是不可行的。如果将此位置增加两根构造筋与支座上方的非通长负筋搭接,见图 3-11,此时四肢箍就完全可行了。梁跨上方的中间部位新增加的这两根构造筋称为架立筋。梁上方的架立筋是不受力的,是为了与箍筋绑扎到一起形成牢固的钢筋骨架而设置的构造筋。

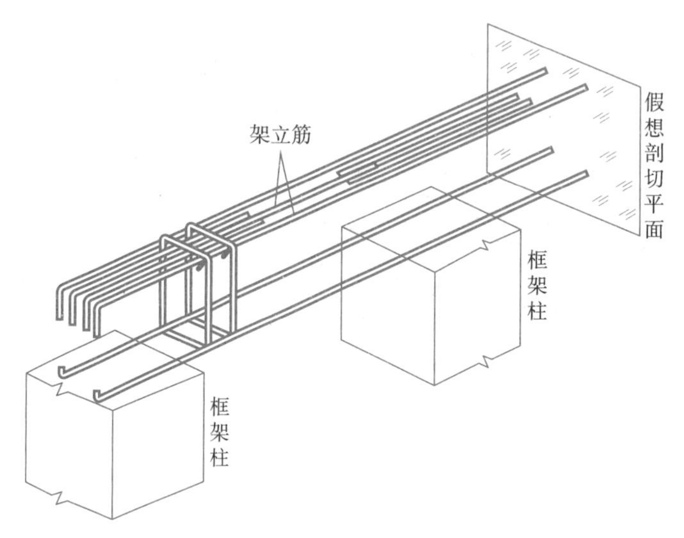

图 3-11 梁的非通长筋和架立筋搭接轴测示意图

2. 梁内箍筋

在梁中除了混凝土本身承受部分剪力外,主要采用箍筋和弯起钢筋承受剪力。有时箍筋还需要承受扭矩的作用。

1) 梁箍筋的形式与复合方式

梁的箍筋多为矩形,箍筋形式可分为开口箍(用于无振动或开口处无受力钢筋的现浇 T 形梁的跨中部分)和封闭箍,见图 3-12。封闭箍应用广泛,开口箍已经很少使用。

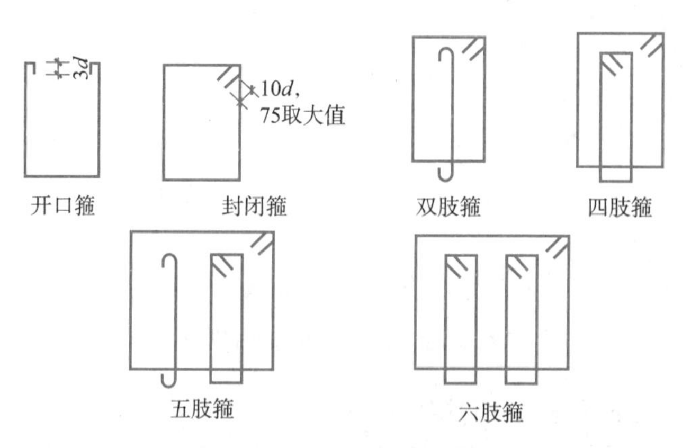

图 3-12 梁箍筋的复合方式

梁的箍筋与柱箍筋类似，梁封闭箍可分为普通箍筋和复合箍筋。普通箍筋为双肢箍，复合箍筋可为三肢箍、四肢箍、五肢箍、六肢箍等，实践中设计人员多采用偶数肢。

梁截面纵筋外围应采用封闭箍筋，当为多肢复合箍筋时，应采用大箍套小箍的形式，其截面内小箍应采用封闭箍。

封闭箍的弯钩可在四角的任意部位，开口箍的弯钩宜设置在基础底板内。当多于六肢箍时，偶数肢增加小套箍，奇数肢则增加一单肢箍。

2）梁内箍筋的表达

抗震框架梁内的箍筋通常注写为 Φ8@100/200(2)，表示为箍筋的牌号为 HPB300，直径 8mm，加密区间距为 100mm，非加密区间距为 200mm，双肢箍。非抗震框架梁内的箍筋通常注写为 Φ8@150(2)，表示箍筋的牌号为 HPB300，直径 8mm，箍筋只有一种间距，为 150mm，双肢箍。

3. 梁的腰筋（构造腰筋或受扭腰筋）和拉筋

1）梁内腰筋

梁的腰筋即梁的侧面纵筋，有构造腰筋和受扭腰筋之分。腰筋通常成对配置，每对腰筋必须有拉筋进行拉结。图 3-6(b)中的⑤号筋就是构造腰筋，⑦号筋为拉筋。

腰筋和拉筋在梁内的配置情况见图 3-13。

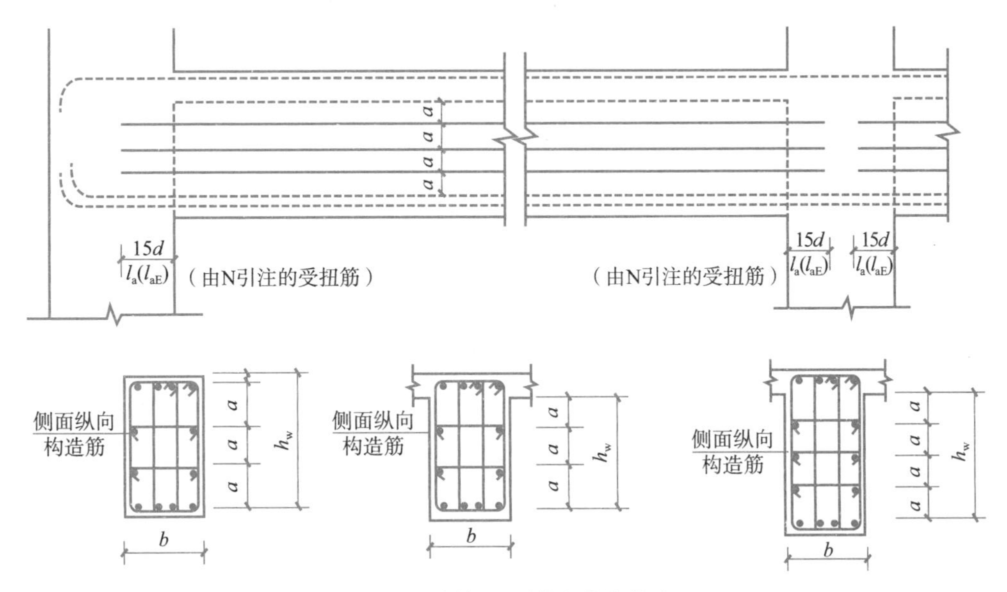

图 3-13　梁侧面腰筋和拉筋构造

图中梁截面的腹板高度 h_w 的取值规定：对于矩形截面，取有效高度；对于 T 形截面，取有效高度减去翼缘高度；对于工字形截面，取腹板净高。

现行混凝土规范规定：梁的腹板高度 $h_w \geq 450$mm 时，在梁的两个侧面应沿高度配置纵向构造钢筋。每侧纵向构造钢筋（不包括梁上、下部受力钢筋及架立筋）的间距不宜大于 200mm，截面面积不应小于腹板截面面积(bh_w)的 0.1%，但当梁宽较大时可以适当放松。此处，腹板高度 h_w 应按规定取用。

特别提示

当梁内配有受扭纵筋时，受扭钢筋沿截面周边布置的间距不应大于 200mm 和梁截面短边长度；除应在梁截面四角设置受扭纵向钢筋外，其余受扭纵向钢筋宜沿截面周边均匀对称布置。

2）梁内拉筋

梁侧面配有构造腰筋或受扭腰筋时，要采用拉筋进行拉结，图 3-6(b)中的⑦号筋就是拉筋。

拉筋在梁的平法施工图中不标注，其具体数值可从图集 22G101-1 第 97 页中找到答案。

4. 梁内附加横向钢筋（附加箍筋和附加吊筋）

当次梁与主梁相交时，主梁是次梁的支座。在主次梁相交处，主梁受到次梁传来的集中荷载作用。位于主梁上的集中荷载，应全部由附加横向钢筋（箍筋、吊筋）承担。附加横向钢筋宜采用箍筋，布置在长度为 s 的范围内，此处，$s=2h_1+3b$，见图 3-14。

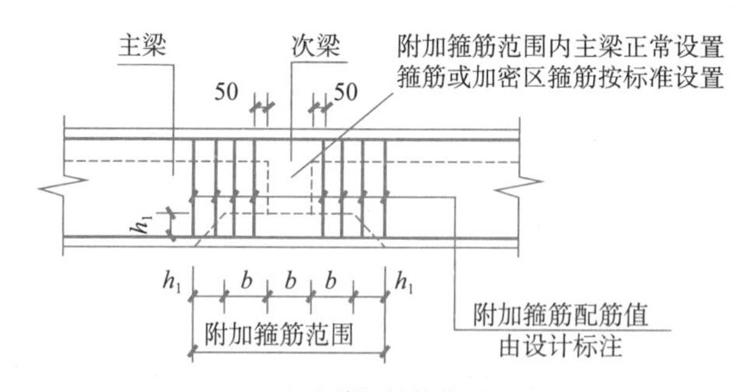

（a）附加箍筋范围

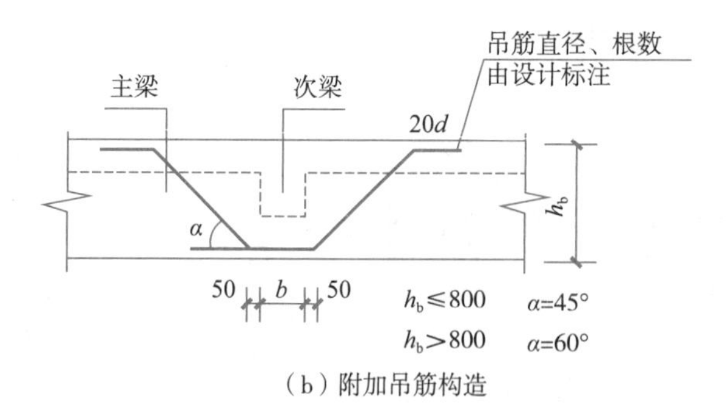

（b）附加吊筋构造

图 3-14　附加箍筋和附加吊筋构造

当采用附加吊筋时，其弯起段应伸至梁的上边缘，且末端水平段长度在受拉区不应小于 $20d$，在受压区不应小于 $10d$，d 为弯起钢筋的直径。当主梁高 $h\leqslant800$ 时，吊筋弯起角度为 45°；当主梁高 $h>800$ 时，吊筋弯起角度为 60°。

附加箍筋和附加吊筋的作用是一致的。在主次梁相交处，当主梁上承受的集中荷载数值很大时，由于箍筋直径一般较小且在 s 范围内的附加箍筋不足以承受这个集中荷载时，可选择仅设置附加吊筋或者选择附加箍筋和附加吊筋同时设置的做法。

任务 3.2 解读梁平法识图规则

梁平法施工图是在梁平面布置图上采用平面注写或截面注写两种方式表达。实际工程应用时，通常以平面注写为主，截面注写为辅。梁平面布置图应分别按梁的不同结构层，将全部梁和与其相关联的柱、墙、板一起采用适当比例绘制。下面分别讲述梁平面注写和截面注写所包含的内容。

3.2.1 梁平法施工图平面注写方式

梁平法施工图的平面注写方式示例见图 3-15。

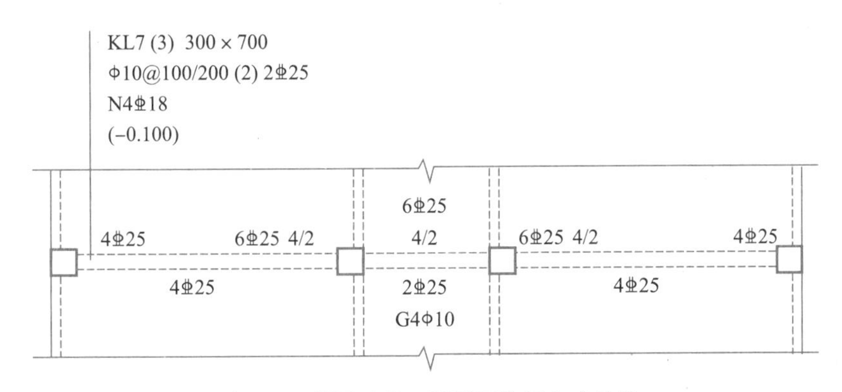

图 3-15 梁平法施工图平面注写方式示例

平面注写主要有两项内容：集中标注和原位标注。集中标注表达梁多数跨的通用数值，原位标注表达梁个别跨的特殊数值。读图时，当集中标注与原位标注不一致时，原位标注取值优先。

梁平法施工图平面注写方式包括梁平面布置图和结构标高及结构层高表两部分。

平面布置图的内容包括轴线网、梁的投影轮廓线、梁的集中标注和原位标注等。其中轴线网和梁的投影轮廓线与常规表示方法相同，结构标高及结构层高表部分与柱相同。

下面着重介绍梁的集中标注和原位标注的相关内容。

1. 梁的集中标注内容解读

梁的集中标注是在梁的任何一跨的任何位置画出一条引出线，在引出线的右侧依次注写梁的编号、截面尺寸、箍筋具体数值、通长筋或架立筋、腰筋及标高共六项内容。前五项为必注值，最后一项为选注值。这六项内容分几行注写都可以，但前后顺序不能颠倒。

以图 3-16(a)中的 KL2 为例，解读如下。

第一项梁的编号，此项为必注值。例如，KL2(2A)表示 2 号楼层框架梁，2 跨，一端有悬挑。

第二项截面尺寸，此项为必注值。例如，300×650 表示梁的截面宽为 300mm，截面高为 650mm。

第三项梁箍筋具体数值，此项为必注值。例如，Φ8@100/200(2)表示直径为8mm的HPB300级钢筋，加密区间距为100mm，非加密区间距为200mm，双肢箍。

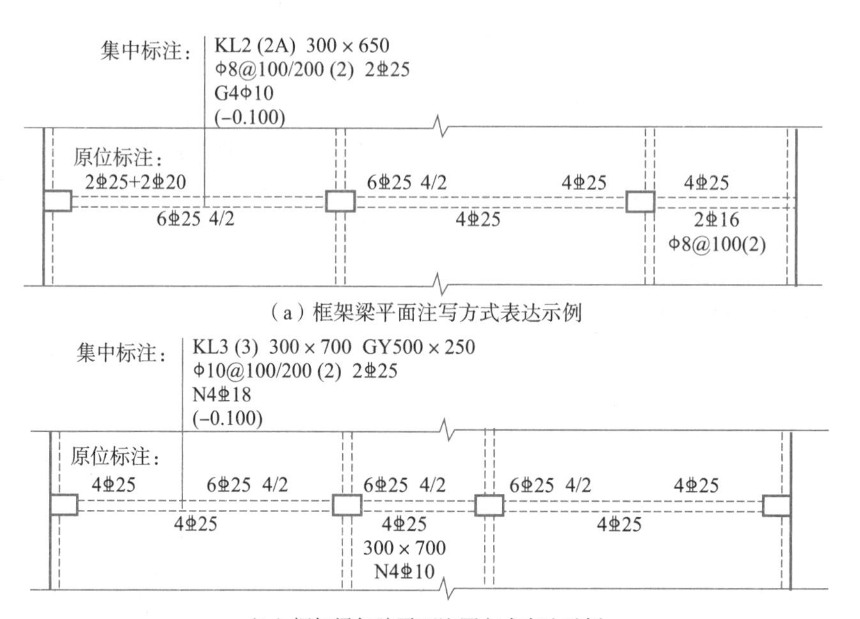

(a) 框架梁平面注写方式表达示例

(b) 框架梁加腋平面注写方式表达示例

图 3-16 梁平面注写方式

【例 3-1】 Φ8@100/200(4)表示箍筋为HPB300级钢筋，直径为8mm，加密区间距为100mm，非加密区间距为200mm，均为四肢箍。

【例 3-2】 Φ10@100(4)/200(2)表示箍筋为HPB300级钢筋，直径为10mm，加密区间距为100mm，四肢箍；非加密区间距为200mm，双肢箍。

【例 3-3】 11Φ10@150/200(2)表示箍筋为HPB300级钢筋，直径为10mm；梁的两端各有11个双肢箍，间距为150mm；梁跨中剩余部分的箍筋间距为200mm，双肢箍。

【例 3-4】 16Φ12@100(4)/200(2)表示箍筋为HPB300级钢筋，直径为12mm；梁的两端各有16个四肢箍，间距为100mm；梁跨中剩余部分的箍筋间距为200mm，双肢箍。

第四项梁上部通长筋或架立筋配置，此项为必注值。“2Φ25”表示梁箍筋所箍上部通长角筋的规格为HRB400级钢筋，直径为25mm，两根。

通长筋可为相同或不同直径采用搭接连接、机械连接或对焊连接的钢筋。当同排纵筋中既有通长筋又有架立筋时，应通过加号将通长筋和架立筋相连。将角部纵筋注写在加号的前面，架立筋写在加号后面的括号内，以示不同直径及与通长筋的区别。

当全部采用架立筋时，则将其全部写入括号内。

【例 3-5】 集中标注的第四项注写为2Φ22，表示用于双肢箍；注写为2Φ22＋(2Φ12)，表示用于四肢箍，其中2Φ22为通长筋，括号内的2Φ12表示架立筋。

当梁的上部纵筋和下部纵筋为全跨相同，且多数跨配筋相同时，此项可加注下部纵筋的配筋值，用分号将上部与下部通长纵筋的配筋值分隔开，少数跨不同者，按原位标注进行注写。

【例 3-6】 集中标注的第四项注写为 3⏀22;3⏀20,表示梁的上部配置 3⏀22 的通长筋,梁的下部配置 3⏀20 的通长筋。

第五项梁侧面构造腰筋或受扭钢筋配置,该项为选注值。“G4ϕ10”表示梁的两个侧面共配置 4⏀10 的纵向构造腰筋,每侧各配置 2ϕ10。

此项注写值以大写字母 G 打头,接续注写设置在梁两个侧面的总配筋值,且对称配置。

【例 3-7】 集中标注的第五项注写为 G6⏀12,表示梁的两个侧面共配置 6⏀12 的纵向构造腰筋,每侧各配置 3⏀12 的纵向构造腰筋。

当梁侧面需配置受扭纵筋时,此项注写值以大写字母 N 打头,接续注写配置在梁两个侧面的总配筋值,且对称配置。如图 3-16(b)集中标注的第五项注写为 N4⏀18,表示梁的两个侧面共配置 4⏀18 的纵向受扭腰筋,每侧各配置 2⏀18 的纵向构造腰筋。

受扭纵向钢筋应满足梁侧面纵向构造钢筋的间距要求,且不再重复配置纵向构造钢筋。若有变化,则需要采用原位标注。如图 3-16(b)集中标注的第六项注写为 N4⏀18,而第二跨下方原位标注为 N4⏀10,说明第二跨腰筋有变化,应以原位标注的 N4⏀10 为准。

第六项表示梁的顶面标高高差,该项为选注值。这里“(－0.100)”表示梁顶面标高比本层楼面结构标高低 0.1m。若此项为正值,表示高 0.1m。对于位于结构夹层的梁,此项数值则指相对于结构夹层楼面标高的高差。

2. 梁的原位标注内容解读

梁原位标注的内容有六项,分别是梁支座上部纵筋、梁下部纵筋、附加箍筋或吊筋、代号为 L 的非框架梁、局部带屋面的楼层框架梁和吊筋、修正集中标注中某项或某几项不适用于本跨的内容。

梁在原位标注时,应注意各种数字符号的注写位置。顾名思义,“原位标注”是指在哪个位置标注的数据就属于哪个位置,只需搞清楚各种数字符号的注写位置表达的是梁的上部钢筋还是下部钢筋即可。

下面从最简单的单跨框架梁(图 3-17)入手来解读梁的原位标注所表达的含义。从投影角度通常规定:标注在 X 向梁的后面表示梁的上部配筋,标注在 X 向梁的前面表示梁的下部配筋;标注在 Y 向梁的左侧表示梁的上部配筋,标注在 Y 向梁的右侧表示下部配筋。例如,图 3-17 中原位标注的“4⏀16”,其标注在 X 向梁的后面,所以表示梁的上部配筋;“2⏀16”标注在梁的前面,表示梁的下部配筋。如果规定纸面的 Y 向表示上、下方位,那么图中的数值表示上部纵筋还是下部纵筋就一目了然了。例如,“4⏀16”标注在梁的上方靠近支座的位置,表示梁的上部钢筋;“2⏀16”标注在梁的下方跨中位置,表示梁的下部配筋。

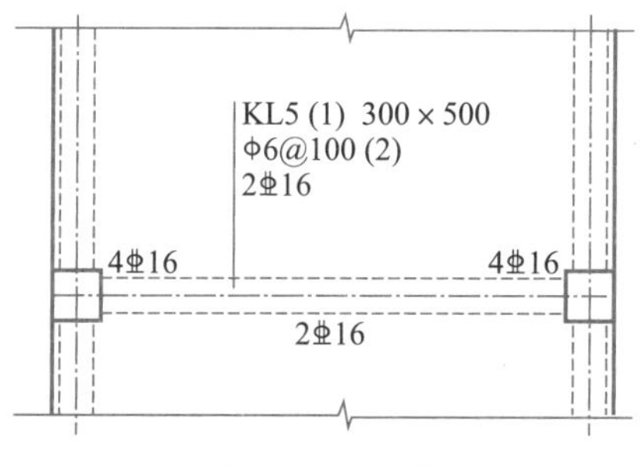

图 3-17　KL5 平法施工图

图 3-17 为 KL5 的平法施工图平面注写方式示例，图中集中标注了四项内容，其余标注在梁周边的数值都是梁的原位标注内容，其他梁也是如此。

识读梁 KL5 原位标注的数值时，要特别关注集中标注的第四项有关“上部通长筋”的内容，因为这项内容与原位标注的钢筋有密切的联系。图 3-18 是 KL5 的配筋立体图，与图 3-17 对照，这些原位标注数值的意图就更容易理解和掌握了。

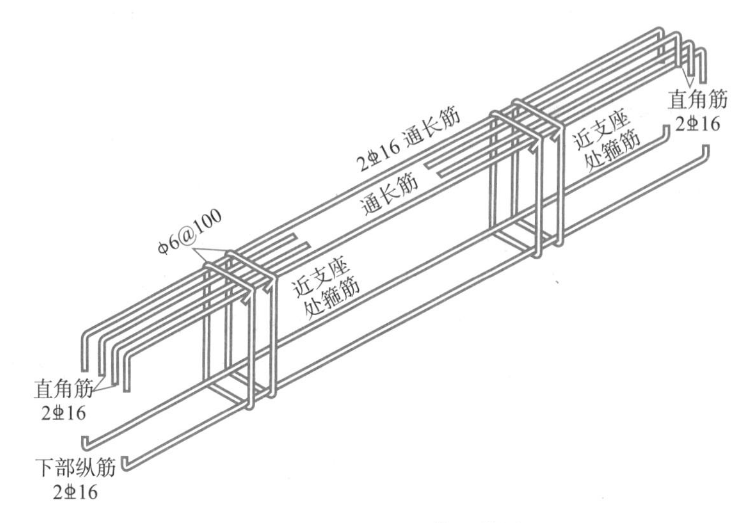

图 3-18　KL5 的配筋立体图

图 3-17 中左柱的梁端上方标注的“4⌀16”，表示梁左端上方的全部纵筋。集中标注的第四项标注“上部通长筋”仅有“2⌀16”，说明梁左端上方的“4⌀16”纵筋包含了集中标注里“2⌀16”的上部通长筋。“4⌀16”减掉“2⌀16”，剩余的“2⌀16”自然就是梁左端上方的非通长筋，见图 3-18 中梁左端上方的非通长直角负筋“2⌀16”。图 3-17 中梁右端上方标注的“4⌀16”，其所代表的意义和左端的一样。梁的中间下方所标注的“2⌀16”是下部的 U 形通长筋。

当梁原位标注内容较复杂时，可按以下规定来理解。

(1) 当上部或下部纵筋多于一排时，用斜线“/”将各排纵筋自上而下分开。

例如，图 3-16(a)中框架梁 KL2 第一跨的下方标注的“6⌀25 4/2”，表示梁的下部配筋为 6 根直径为 25mm 的 HRB400 级钢筋，分两排布置，上排 4 根，下排 2 根。

KL2 的第二跨梁左端上方标注的“6⌀25 4/2”，表示梁左端上部纵筋为 6 根直径 25mm 的 HRB400 级钢筋，分两排布置，上排 4 根，下排 2 根。

(2) 当上部和下部同排纵筋有两种直径时，用“＋”将两种直径的纵筋相连，注写时将角部纵筋写在“＋”号的前面。

例如，图 3-16(a)中的“2⌀25＋2⌀20”，表示梁支座上部有 4 根纵筋，布置成一排。2⌀25 放在箍筋的角部，而 2⌀20 放在中部。

(3) 当梁中间支座两边的上部纵筋不同时，须在支座两边分别标注；当梁中间支座两边的上部纵筋相同时，可仅在支座的一边标注配筋值，另一边不注。例如，图 3-16(a)中第一跨的右端上方没有注写钢筋，而第二跨的左端上方注写为“6⌀25 4/2”，表示这两处的配筋值相同，一侧省略不写。

（4）当两大跨中间为小跨，且小跨净尺寸小于左、右两大跨净跨尺寸之和的1/3时，小跨上部纵筋采取贯通全跨方式，此时，应将贯通小跨的纵筋注写在小跨中部，见图3-19。

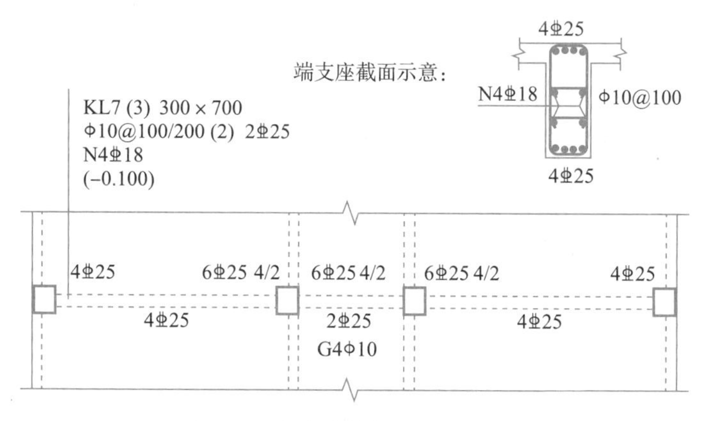

图3-19　大小跨梁的平面注写示例

贯通小跨的纵筋根数可等于或少于相邻大跨梁支座上部纵筋。当贯通小跨的纵筋根数少于相邻大跨梁支座上部纵筋时，少配置的纵筋，即大跨不需要贯通小跨者，应按支座两边纵筋根数不同时的梁柱节点构造配置；当支座两边配筋值不同时，应采用直径相同并使支座两边根数不同的方式配置纵筋，可使配置较小一边的上部纵筋全部贯穿支座，配置较大的另一边仅有较少根纵筋在支座内锚固。

（5）当梁下部纵筋不全部伸入支座时，将梁支座下部纵筋减少的数量写在括号内。

【例3-8】　梁下部纵筋注写为6Φ25 2(−2)/4，表示上排纵筋为2Φ25，且不伸入支座；下一排纵筋为4Φ25，全部伸入支座。

【例3-9】　梁下部纵筋注写为2Φ25＋3Φ22(−3)/5Φ25，表示上排纵筋为2Φ25和3Φ22，其中3Φ22不伸入支座；下一排纵筋为5Φ25，全部伸入支座。

不伸入支座梁下部纵筋断点位置，见图3-20。

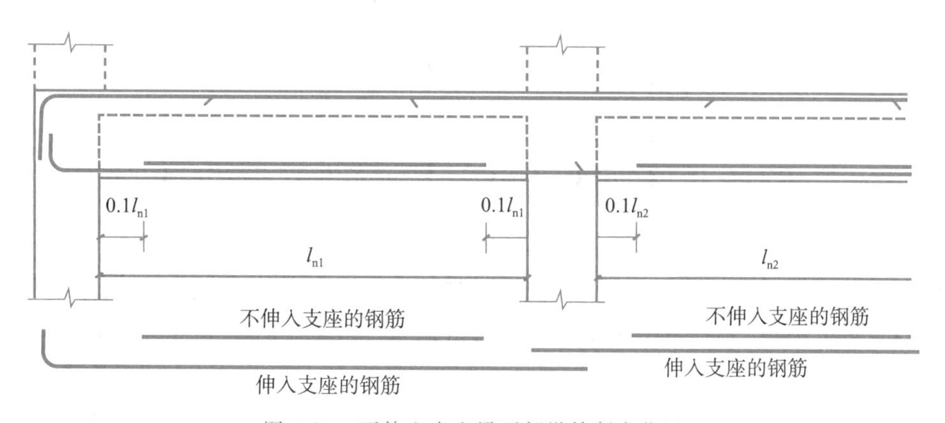

图3-20　不伸入支座梁下部纵筋断点位置

不伸入支座的梁下部纵筋只能是上排，最下排纵筋不允许在跨内截断。

(6) 当梁的集中标注中分别注写了梁上部和下部通长纵筋时，则不需在梁下部重复做原位标注。

(7) 附加箍筋或吊筋，将其直接画在平面图中的主梁，用引线标注总配筋值，附加箍筋的肢数标注在括号内。

特别提示

施工时应注意：附加箍筋或吊筋的几何尺寸应按照标准构造详图，结合其所在位置的主梁和次梁的截面尺寸而定。

(8) 当在梁上集中标注的内容，如梁截面尺寸、箍筋、上部通长筋或架立筋，梁侧面纵向构造钢筋或受扭纵向钢筋，以及梁顶面标高高差中的某一项或几项数值，不适用于某跨或某悬挑部分时，则将其不同数值原位标注在该跨或该悬挑部位，施工时应按原位标注数值取用。

例如，当在多跨梁的集中标注中已注明加腋，而该梁某跨的根部却不需要加腋时，则应在该跨原位标注等截面的 $b \times h$，以修正集中标注中的加腋信息。

3.2.2 梁平法施工图截面注写方式

在梁的平面布置图上对标准层的所有梁按规定进行编号，分别在不同编号的梁中各选择一根梁用剖切符号引出截面配筋图，并在截面配筋图上注写截面尺寸和配筋数值，其他相同编号梁仅需标注编号。

当某梁的顶面标高与结构层的楼面标高不同时，应在其编号后的括号中注写梁顶面标高高差。

截面注写方式既可以单独使用，也可与平面注写方式结合使用。当表达异形截面梁的尺寸与配筋时，用截面注写方式更加方便。它与平面注写方式大同小异。梁的代号、各种数字符号的含义均相同，只是平面注写方式中的集中标注在截面注写方式中用截面图表示。

截面图的绘制方法与常规方法一致，不再赘述。

任务 3.3 解读框架梁标准配筋构造

框架梁分为楼层框架梁和屋面框架梁，同时又有抗震和非抗震之分。本部分内容选取图集 22G101-1 中常用的构造措施进行讲解。

小 结

本项目主要讲述了平法梁的平法制图规则和框架梁施工图识读的基本方法。

首先简要说明了平法梁的分类及梁内钢筋的分类和作用；接着简明扼要地介绍了平法

梁的两种注写方式，即梁平法施工图的平面注写方式和截面注写方式；最后阐述了框架梁的钢筋构造。

学习笔记

能力训练

一、简答题

1. 平法梁如何进行编号？

2. 平法梁的截面尺寸有几种表达方式？

3. 梁内钢筋有哪些种类？

4. 梁的腰筋设置条件是什么？

5. 22G101-1 图集是如何规定拉筋的直径和间距的？

6. 梁的集中标注有几项内容？原位标注有几项内容？

二、填空题

1. 梁平法施工图的表达方式有________和________两种。其中最常用的一种方式是________。

2. 抗震框架梁下部受力钢筋在端支座的锚固方式有________、________和________三种。当采用弯锚时，下部受力筋应伸至梁上部纵筋弯钩段内侧或柱外侧纵筋内侧，且需满足________的要求，竖向弯折段长度为________。

3. 抗震框架梁下部受力钢筋在端支座或中间支座采用直锚方式时，应满足________且________的要求。

三、识图与梁截面图绘制

在某办公楼楼面梁施工图中截取了 KL3(2A)的平法施工图和工程信息，见图 3-21～图 3-23。

用已学过的抗震楼层框架梁和悬挑梁的平法知识，试完成：

(1) 识读 KL3(2A)的平法施工图；

(2) 绘制指定截面处的梁截面图。

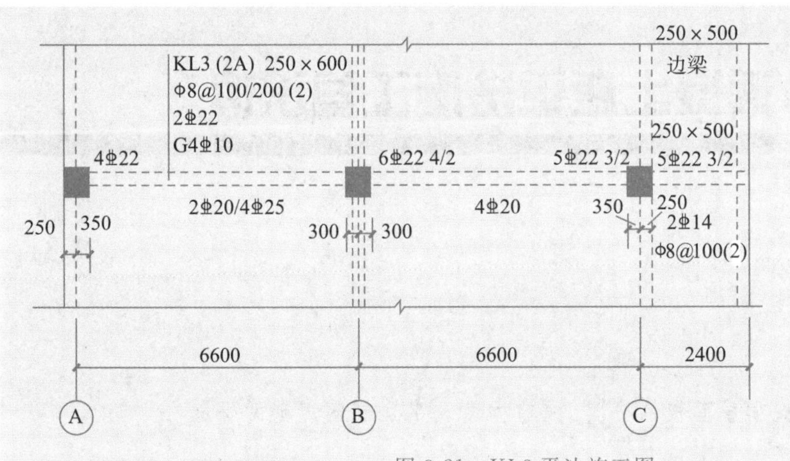

工程信息汇总
混凝土强度：C30
抗震等级：三级
环境类别：一类
板厚：h=100mm
柱外侧纵筋：d=22mm
柱箍筋：d=10mm
柱保护层：C=25mm

图 3-21　KL3 平法施工图

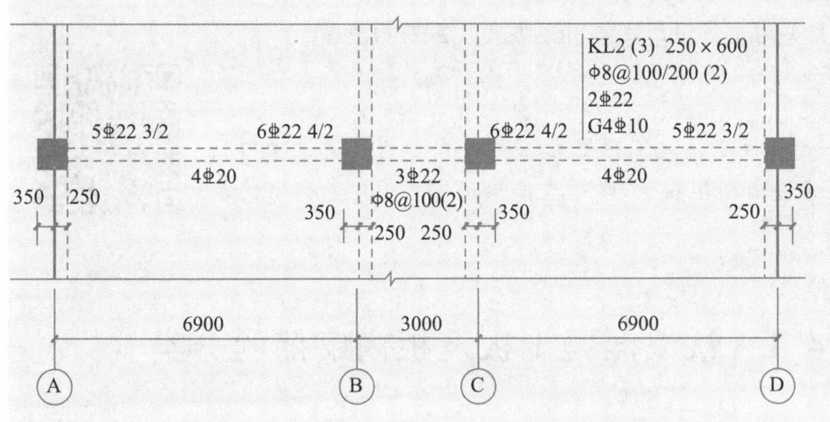

工程信息汇总
混凝土强度：C30
抗震等级：三级
环境类别：一类
板厚：h=100mm
柱外侧纵筋：d=20mm
柱箍筋：d=10mm
柱保护层：C=25mm

图 3-22　KL2 平法施工图

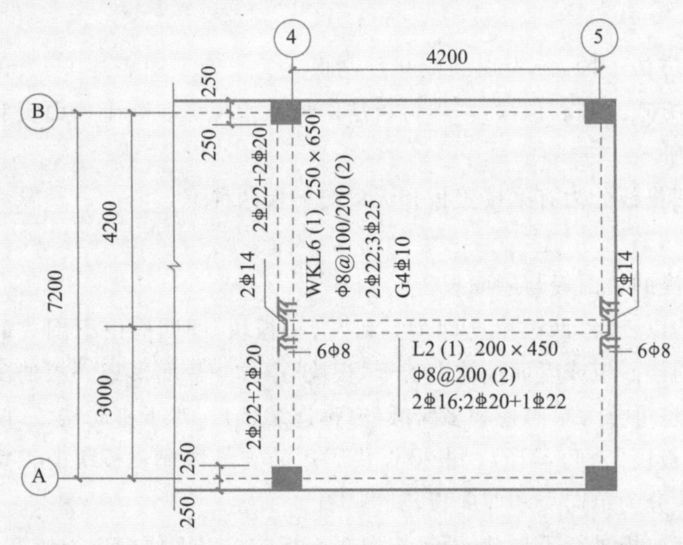

工程信息汇总
混凝土强度：C25
抗震等级：三级
环境类别：一类
板厚：h=100mm
柱外侧纵筋：d=20mm
柱箍筋：d=10mm
附加箍筋间距：50mm
柱保护层：C=25mm

图 3-23　WKL6 平法施工图

项目4 混凝土板平法施工图识读

教学目标

1. 掌握现浇楼面板和屋面板的分类、配筋构造及平法制图规则的含义。
2. 了解板配筋的基本情况。
3. 掌握板平法施工图的平面注写方式。
4. 熟悉与楼板相关构造类型的直接引注方式及配筋构造等。

任务驱动

二维码中为5～8层板平法施工图平面注写方式示例。通过本项目的学习，结合以往所掌握的制图知识，学生应能够读懂图中平面注写的数字和符号的含义。

任务4.1 认识混凝土板及板内钢筋的分类

4.1.1 平法施工图中板的分类

钢筋混凝土板根据施工方法不同，分为现浇板和预制板。关于施工图表达方式，预制板结构布置图一直沿用传统方式绘制和识读，本项目讲述的板是指现浇混凝土楼面板和屋面板。

根据板支座的不同，平法将板分为有梁楼盖板和无梁楼盖板两种。

1. 有梁楼盖板

有梁楼盖板指以梁为支座的楼面板与屋面板。

对于普通楼面板，两向均以一跨（两根梁之间为一跨）为一板块，即四周由梁围成的封闭“房间”就是一板块，整层的楼面板或屋面板均由若干“板块”连成一片而形成。板的配筋以板块为单元，与梁类似，板也可分为单跨板和多跨板（亦称连续板）。对于密肋楼盖，两向主梁（框架梁）均以一跨为一板块（密肋不计）。根据板块周边的支承情况及板块的长宽比值不同，将有梁楼盖板的板块分为单向板和双向板，见图4-1。

现行混凝土规范对单、双向板进行了划分，并规定混凝土板应按以下原则进行计算。

(1) 两对边支承的板应按单向板计算；

(2) 四边支承的板应按以下规定计算：

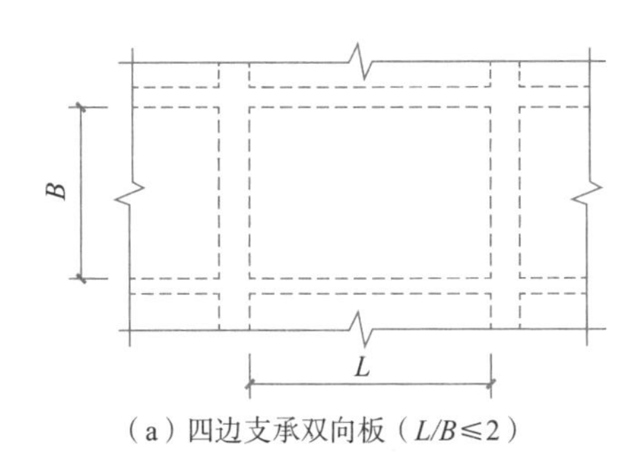

(a) 四边支承双向板（$L/B\leqslant2$）

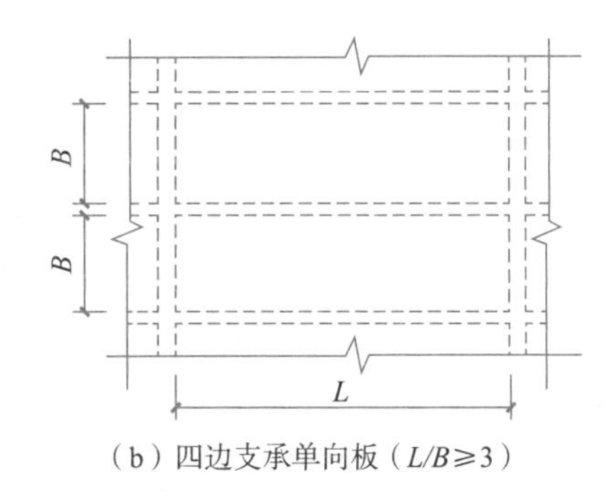

(b) 四边支承单向板（$L/B\geqslant3$）

图 4-1 双向板与单向板示意图

① 当长边与短边长度之比≤2 时，应按双向板计算；

② 当长边与短边长度之比>2，但<3 时，宜按双向板计算；

③ 当长边与短边长度之比≥3 时，宜按沿短边方向受力的单向板计算，并应沿长边方向布置构造钢筋。

1）有梁楼盖板的板块编号

有梁楼盖板的所有板块应逐一编号，相同编号的板块可择其一做集中标注，其他仅注写置于圆圈内的板编号，以及当板面标高不同时的标高高差。板块编号见表 4-1。

表 4-1 板块编号

板类型	代号	序号
楼面板	LB	××
屋面板	WB	××
悬挑板	XB	××

2）有梁楼盖板的板厚

板厚注写为 h=××。当悬挑板的端部改变截面厚度时，用斜线分隔根部和端部的高度值，注写为 h=××/××，设计现浇混凝土板时，板的厚度宜符合下列规定。

(1) 板的跨厚比。钢筋混凝土单向板不大于 30，双向板不大于 40。预应力板可适当增加，当板的荷载、跨度较大时宜适当减小。

(2) 当为双向板时，板的最小厚度为 80mm；当为单向板时，民用建筑楼板和屋面板最小厚度为 60mm，工业建筑楼板最小厚度为 70mm。其他类别的板最小厚度可查规范。

2. 无梁楼盖板

无梁楼盖板指以柱为支座的楼面板与屋面板。为了保证柱顶处楼盖板的抗冲切满足计算要求，规范规定板的厚度不应小于 150mm，且在与 45°冲切破坏锥面相交的范围内配置按计算所需的箍筋及相应的架立筋或弯起钢筋。实际工程中，为了减少无梁楼盖板的厚度并满足受力要求，多采用在柱顶处设柱帽的方法。

1）无梁楼盖板的板带分布和编号

无梁楼盖板用于板柱结构和板柱—剪力墙结构。

整层楼板可划分为柱上板带和跨中板带两种，无梁楼盖板配筋就是以“板带”为单元进行的。板带编号按表 4-2 规定确定。无梁楼盖的板带分布见图 4-2。

表 4-2 板带编号

板带类型	代号	序号	跨数及有无悬挑
柱上板带	ZSB	××	(××)、(××A)或(××B)
跨中板带	KZB	××	(××)、(××A)或(××B)

注:① 跨数按柱网轴线计算(两相邻柱轴线之间为一跨);
② (××A)为一端有悬挑,(××B)为两端有悬挑,悬挑不计入跨数。

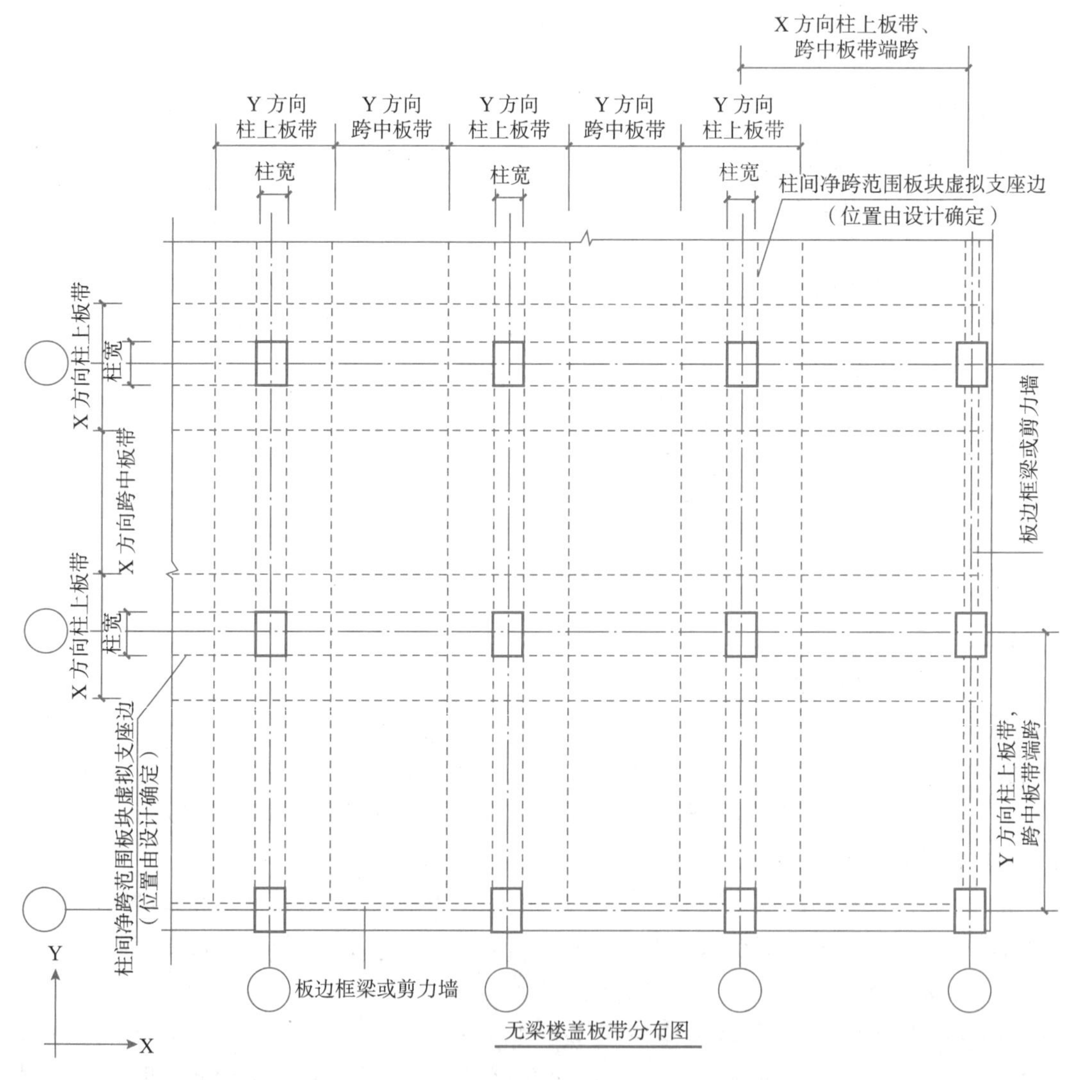

图 4-2 无梁楼盖的板带分布

2) 无梁楼盖中暗梁的编号

一般情况下,无梁楼盖的柱顶宜设置柱帽,当无梁楼盖的柱顶不设置柱帽时,需要在柱顶的板内设置暗梁。通常在施工图中的柱轴线处画出粗虚线表示暗梁。暗梁的编号见表 4-3。

表 4-3　暗梁编号

构件类型	代号	序号	跨数及有无悬挑
暗梁	AL	××	(××)、(××A)或(××B)

注：① 跨数按柱网轴线计算(两相邻柱轴线之间为一跨)；
② (××A)为一端有悬挑，(××B)为两端有悬挑，悬挑不计入跨数。

3）无梁楼盖板的板带和暗梁截面尺寸

板带厚注写为 h=××，板带宽注写为 b=××，当无梁楼盖整体厚度和板带宽度已在图中注明时，此项可不注。无梁楼盖板的厚度宜符合下列规定：无梁支承的有柱帽板的跨厚比不大于 35，无梁支承的无柱帽板的跨厚比不大于 30。

暗梁的截面尺寸指箍筋外皮宽度×板厚。

4.1.2　板内钢筋的分类

1. 板厚范围上部和下部各层钢筋排序

板沿着板厚竖向上、下各排钢筋的定位排序方式为上部钢筋依次从上往下排，下部钢筋依次从下往上排。板厚范围上部和下部各层钢筋定位排序示意见图 4-3。

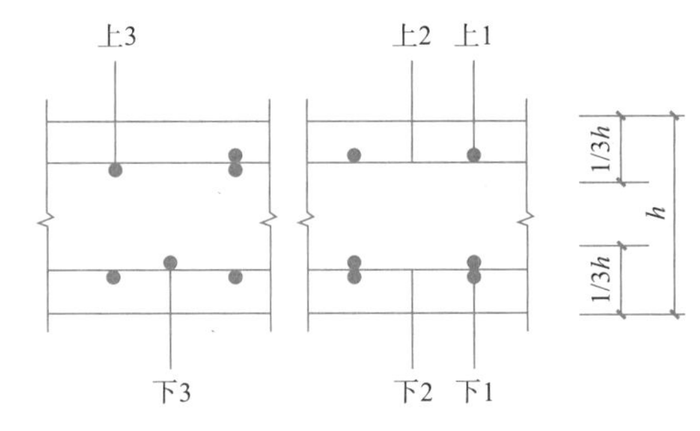

图 4-3　板厚范围上部和下部各层钢筋定位排序示意图

图 4-3 解读如下。

(1) 钢筋排布应预先与设计方案结合，分清板各部位的受力状态、使用要求，以及对应钢筋的分布。

(2) 在兼顾相邻支承构件钢筋影响的同时，应将板各部位较为重要的钢筋置于有效高度较大的位置。

(3) 板钢筋排布应兼顾钢筋交叉及叠放对受力钢筋设计假定截面有效高度的影响，特别当板厚较小且在现场钢筋代换时选用了较原图直径更大的钢筋；或做钢筋排布方案测算出上部受力钢筋向下超出了 1/3 板厚，下部受力钢筋向上超出了 1/3 板厚；或施工过程存在种种减小钢筋截面有效高度的状况时，应及时通知设计方，对板钢筋的设计假定截面有效高度与实际截面有效高度进行复核，并以设计方反馈要求为准进行施工。

2. 板内钢筋的分类

根据板的受力特点不同，配置的钢筋也不同，主要有板底受力钢筋、支座负(弯矩)钢筋、构造钢筋、分布钢筋、抗温度收缩应力构造钢筋等。

下面以图 4-4 中的双向板和单向板为例，说明这些钢筋在板内的配置。

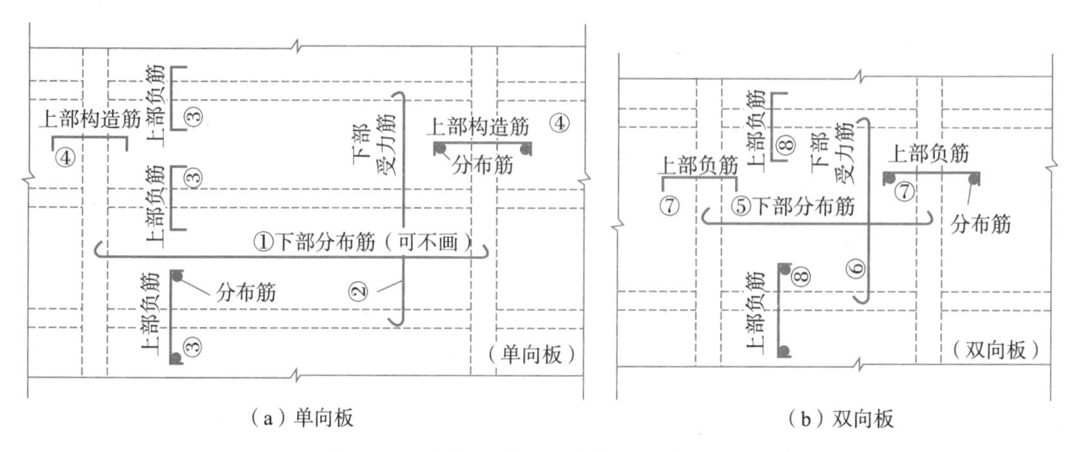

（a）单向板　（b）双向板

图 4-4　双向板和单向板内各类钢筋的配置

1）板底受力钢筋

双向板下部的两向钢筋（⑤号筋、⑥号筋）和单向板下部的短向钢筋（②号筋），是正弯矩受力区，配置板底受力钢筋。

2）支座板面负钢筋

双向板中间支座（⑦号筋、⑧号筋）、单向板短向中间支座（③号筋），以及按嵌固设计的端支座，应在板顶面配置支座负弯矩钢筋。

3）支座板面构造钢筋

按简支计算的端支座、单向板长方向支座（④号筋），一般在结构计算时不考虑支座约束，但往往由于边界约束会产生一定的负弯矩，因此应配置支座板面构造钢筋。

现行混凝土规范规定：按简支边或非受力边设计的现浇混凝土板，当与混凝土梁、墙整体浇筑或嵌固在砌体墙内时，应设置板面构造钢筋，并符合下列要求。

(1) 钢筋直径不宜小于 8mm，间距不宜大于 200mm，且单位宽度内的配筋面积不宜小于跨中相应方向板底钢筋截面面积的 1/3。与混凝土梁、混凝土墙整体浇筑的单向板，在非受力方向上，其钢筋截面面积尚不宜小于受力方向跨中板底钢筋截面面积的 1/3。

(2) 钢筋从混凝土梁边、柱边、墙边伸入板内的长度不宜小于 $L/4$，砌体墙支座处钢筋伸入板内的长度不宜小于 $L/7$，其中计算跨度 L 对单向板按受力方向考虑，对双向板按短边方向考虑。

(3) 在楼板角部，宜沿两个方向正交、斜向平行或放射状布置附加钢筋。

(4) 钢筋应在梁内、墙内或柱内可靠锚固。

4）板底和板面分布钢筋

单向板长向的板底筋（①号筋）、与支座负筋或支座构造钢（负）筋垂直的板面钢筋（图 4-4 中③号、④号、⑦号、⑧号筋下方画的涂黑小圆圈），均为分布钢筋。

分布筋一般不作为受力钢筋，其主要作用是固定受力钢筋、分布面荷载及抵抗收缩和温度应力。因此，在板的施工图中，分布筋可以画出来，也可以省略不画；省略不画时必须有文字说明。

无论画与不画，分布筋是不能缺少的钢筋。

预算和施工人员在识图过程中，不能遗漏与上部构造钢筋垂直形成钢筋网的板面分布筋。

5）抗温度、收缩应力构造钢筋

在温度、收缩应力较大的现浇板区域，应在板的上表面双向配置防裂构造钢筋，即温度、收缩应力构造钢筋。当板面受力钢筋通长配置时，可兼作抗温度、收缩应力构造钢筋。

图 4-5 为某现浇板的配筋施工图，参照此图，区别板内受力筋、构造筋和分布筋的配置情况。

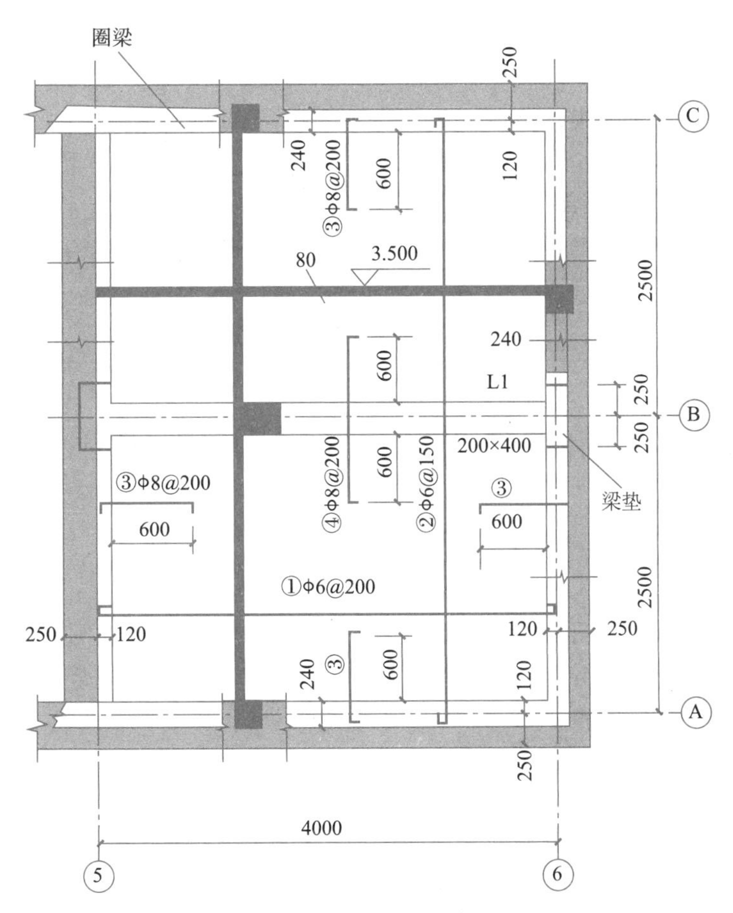

图 4-5 某现浇板配筋图

图 4-5 中所示现浇板为双向板，①号筋和②号筋为板底双向受力筋，形成下部整体钢筋网；④号筋为板中间支座的板面负弯矩钢筋，与分布筋（未画出）形成上部局部钢筋网；③号筋为端支座板面构造钢筋，也与分布筋（未画出）形成上部局部钢筋网。

某现浇板配筋(图 4-5)的局部轴测投影示意见图 4-6。

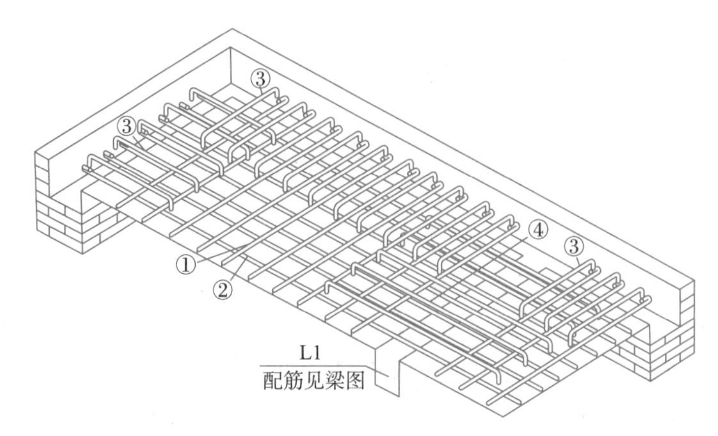

图 4-6　某现浇板的局部轴测示意图

3. 单向板与双向板的钢筋上下排序

双向板由于板在中心点的变形要协调一致,所以短方向的受力会比长方向大。因此施工图纸中经常会对下部受力纵筋提出短向受力筋排在下部钢筋①位置,长向受力筋排在下部钢筋②位置;双向板上部受力也是短方向比长方向大,所以要求上部钢筋短方向在上部钢筋①位置,而长方向在上部钢筋②位置。

对于单向板的下部钢筋,短跨方向的受力筋显然要排在下部钢筋①位置,与其垂直交叉的下部分布筋排在下部钢筋②位置;对于上部钢筋,支座处的板面负筋或构造筋排在上部钢筋①位置,与其垂直交叉的上部分布筋排在上部钢筋②位置。

任务 4.2　解读板平法识图规则与标准配筋构造

4.2.1　有梁楼盖板平法施工图的注写方式

有梁楼盖板平法施工图在楼面板和屋面板布置图上,采用平面注写的方式表达。板的配筋是以板块为单元逐块绘制的,因此要掌握板的平法施工图,主要掌握板块集中标注和板支座原位标注两方面内容。

现浇混凝土有梁楼盖板平法施工图平面注写方式见图 4-7。

1. 板块集中标注的内容

板块集中标注的内容有板块编号、板厚、上下贯通纵筋以及当板面标高不同时的标高高差四项。现以图 4-7 为例,分别介绍如下。

1) 板块的编号

板块的编号见表 4-1。所有板块应逐一编号,相同编号的板块可择其一做集中标注。

图 4-7 中,有 5 块板,在其中的一块做了集中标注,其他 4 块仅注写置于圆圈内的编号 LB5。

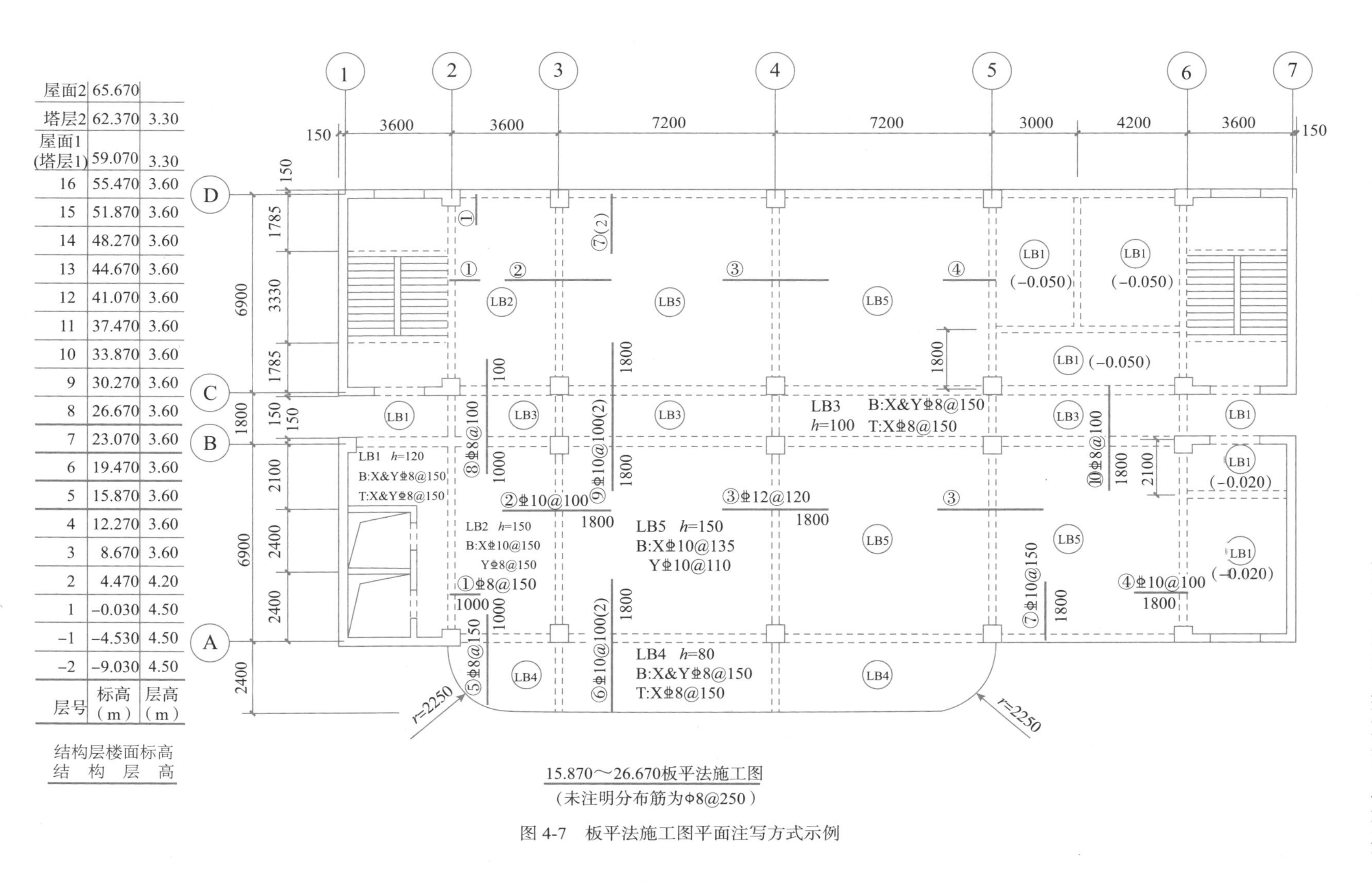

图 4-7　板平法施工图平面注写方式示例

LB5 的集中标注如下：

LB5　h=150

B:X⌀10@135

Y⌀10@110

同一编号板块的类型、板厚和贯通纵筋均应相同，但板面标高、跨度、平面形状，以及板支座上部非贯通纵筋可以不同，如同一编号板块的平面形状可以为矩形、多边形或其他形状等。施工预算计算工程量时，应注意形状不同导致混凝土及钢筋用量的不同。

图 4-7 中，①～②轴间的 2 块 1 号楼面板（LB1）尺寸和平面形状不同，但板的编号一致；又如②～⑤轴间 3 块 4 号楼面板（LB4）尺寸和平面形状完全不同，但板的编号、厚度和上下贯通纵筋是相同的，所以它们的编号也相同。

2）板厚

从 LB5 的集中标注的第一行可得知，5 号楼面板（LB5）的厚度 h=150mm，当设计统一注明板厚时，此项可不注。

3）上、下贯通纵筋

贯通纵筋按板块的下部和上部分别注写（当板块上部不设贯通纵筋时则不注），并以 B 代表下部，以 T 代表上部，B&T 代表下部和上部；X 向贯通纵筋以 X 打头，Y 向贯通纵筋以 Y 打头，两向贯通纵筋配置相同时则以 X&Y 打头。

单向板的下部贯通纵筋可仅注写短向的受力筋，长向的分布筋可不必注写，而在图中统一注明。当在某些板内（如在悬挑板 XB 的下部）配置有构造钢筋时，则 X 向以 Xc 打头，Y 向以 Yc 打头注写。

当贯通筋采用两种规格钢筋“隔一布一”方式时，表达为 ⌀8/⌀10@110，表示直径为 8mm 和 10mm 的钢筋之间的间距为 110mm；直径 8mm 的钢筋间距为 220mm，直径 10mm 的钢筋间距为 220mm，间隔布置。

LB5 集中标注的第二、三行含义是：板的下部配有双向贯通纵筋；X 向贯通纵筋为 ⌀10@135；Y 向贯通纵筋为 ⌀10@110，板的上部未设置贯通纵筋。

4）板面标高高差

此项是指相对于本层结构标高的高差，应将其注写在括号内，且有高差则注，无高差则不注。

图 4-7 中，5 块 LB5 由于板面标高与结构标高一致，所以未标注此项。

另外，⑤～⑥轴间的 3 块 1 号楼面板（LB1）内均标注了“(−0.050)”，表示这 3 块楼面板的板面标高比本结构层的楼面标高低 0.05m. 而①～②间的 2 块 1 号楼面板（LB1）内均未标注此项内容，表示这两块板的板面标高与结构标高一致。

【例 4-1】 板块的集中标注为

LB7　h=130

B:X⌀12@120;Y⌀10@150

T:X⌀12@150;Y⌀12@180

表示 7 号楼面板，板厚 130mm；板下部配置的贯通纵筋 X 向为 ⌀12@120，Y 向为 ⌀10@150；板上部配置的贯通纵筋 X 向为 ⌀12@150，Y 向为 ⌀12@180。

【例 4-2】 板块的集中标注为

LB3 h=120

B:XΦ10/12@100;YΦ10@120

表示 3 号楼面板,板厚 120mm,板下部配置的贯通纵筋 X 向为 Φ10、Φ12 隔一布一,Φ10 和 Φ12 之间间距为 100mm;Y 向为 Φ10@120,板上部未配置贯通纵筋。

【例 4-3】 悬挑板注写为

XB5 h=130/100

B:Xc&YcΦ8@200

表示 5 号悬挑板,悬挑板根部厚 130mm,端部厚 100mm,悬挑板下部配置构造钢筋 X 向和 Y 向均为 Φ8@200。(上部受力钢筋见板支座原位标注)

2. 板支座原位标注的内容

板支座原位标注的内容为板支座上部非贯通纵筋和悬挑板上部受力钢筋。

板支座原位标注的钢筋应在配置相同跨的第一跨表达,当在梁悬挑部位单独配置时,则在原位表达。配置相同跨的第一跨(或梁悬挑部位)时,垂直于板支座(梁或墙)绘制一段适宜长度的中粗实线(当该筋通长设置在悬挑板或短跨板上部时,实线段应画至对边或贯通短跨),以该线段代表支座上部非贯通纵筋,并在线段上方注写钢筋编号(如①、②等)、配筋值、横向连续布置的跨数(注写在括号内,当为一跨时可不注),以及是否横向布置到梁的悬挑端。若某非贯通筋上注写“(3A)”,表示横向布置 3 跨及一端的悬挑部位;若注写“(3B)”,表示横向布置 3 跨及两端的悬挑部位。

当中间支座上部非贯通纵筋向支座两侧对称伸出时,可仅在支座一侧线段下方标注延伸长度,另一侧不注,如图 4-7 中 4 轴线上的③号筋;当向支座两侧非对称延伸时,应分别在支座两侧线段下方注写延伸长度。延伸长度指从支座中线向跨内的伸长值。画至对边贯通全跨或贯通全悬挑长度的上部纵筋、贯通全跨或伸出至全悬挑一侧的长度值不注,只注明非贯通筋另一侧的伸出长度值,如图 4-7 中 A 轴线上的⑥号筋。

在板平面布置图中,不同部位的板支座上部非贯通纵筋及悬挑板上部受力钢筋,可仅在一个部位注写,其他相同者则仅需在代表钢筋的线段上注写编号及横向连续布置的跨数(当为一跨时可不注)。

图 4-7 中,A 轴线上的⑦号筋上注有 Φ10@150 和 1800,表示支座上部的⑦号非贯通纵筋为 Φ10@150,沿支承梁仅在本跨布置,该筋自支座中线向跨内的延伸长度为 1800mm。位于 D 轴线上的⑦号筋上仅注有“⑦(2)”,表示该筋也是⑦号非贯通纵筋,沿支承梁连续布置 2 跨。又如,⑨号筋上注有 Φ10@100(2)和两个 1800,表示支座上部贯通 B、C 轴短跨的⑨号非贯通纵筋为 Φ10@100。从该跨起沿支承梁连续布置 2 跨,该筋自两支座中线分别向两侧跨内的伸出长度均为 1800mm,贯通短跨的长度不注。

当板支座为弧形,支座上部非贯通纵筋呈放射状分布时,应注明配筋间距的度量位置并加注“放射分布”字样,必要时应补绘平面配筋图,见图 4-8。

悬挑板的平面注写方式见图 4-9。当悬挑板端部厚度不小于 150mm 时,设计人员应指定板端部封边构造方式,当采用 U 形钢筋封边时,还应指定 U 形钢筋的规格、直径。

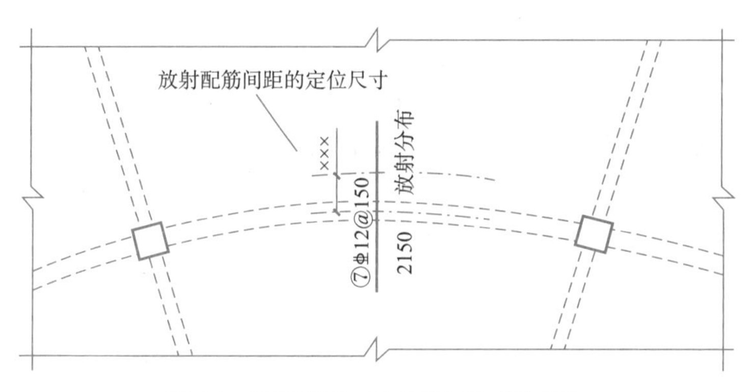

图 4-8　弧形支座上部非贯通纵筋的标注

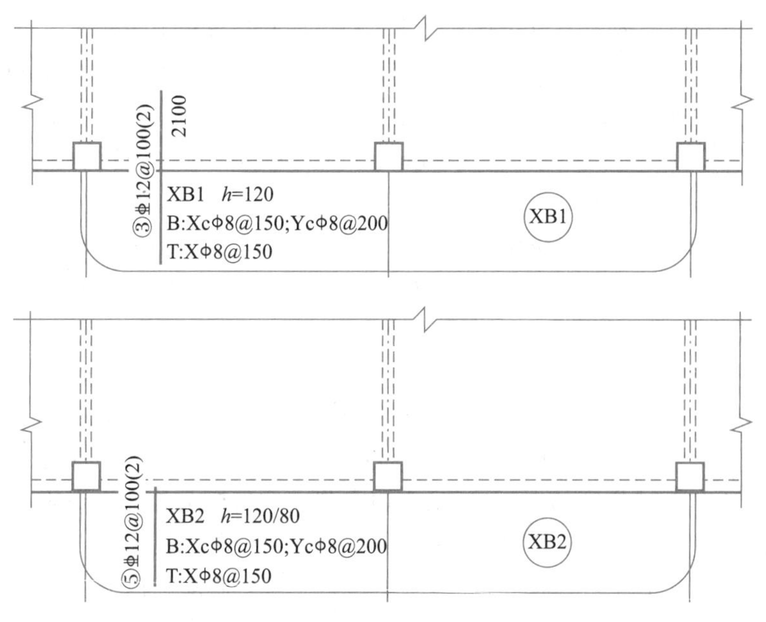

图 4-9　悬挑板的平面注写方式

【例 4-4】 在板平面布置图某部位横跨支承梁绘制的对称线段上注有⑦⏀12@150(4A)和 1200，表示支座上部⑦号非贯通纵筋为 ⏀12@150，从该跨起沿支承梁连续布置4 跨加梁一端的悬挑端，该筋自支座中线向两侧跨内的伸出长度均为 1500mm。

此外，与板支座上部非贯通纵筋垂直且绑扎在一起的构造钢筋或分布钢筋，设计可在图中注明。例如，图 4-7 中处于④和⑤轴间楼面板 LB3 的集中标注中了“T：X⏀8@150”，表示此板上部 X 向的贯通纵筋为 Φ8@150，是与板支座上部非贯通纵筋垂直且绑扎在一起的构造钢筋。

当板的上部已配置有贯通纵筋，但需增配板支座上部非贯通纵筋时，应结合已配置的同向贯通纵筋的直径与间距采取“隔一布一”方式，见图 4-10。

【例 4-5】 某板上部已配置贯通纵筋 ⏀12@250，该跨同向配置的支座上部非贯通纵筋为③⏀12@250，表示在该支座上部设置的纵筋实际为 ⏀12@125，其中 1/2 为贯通纵筋，1/2

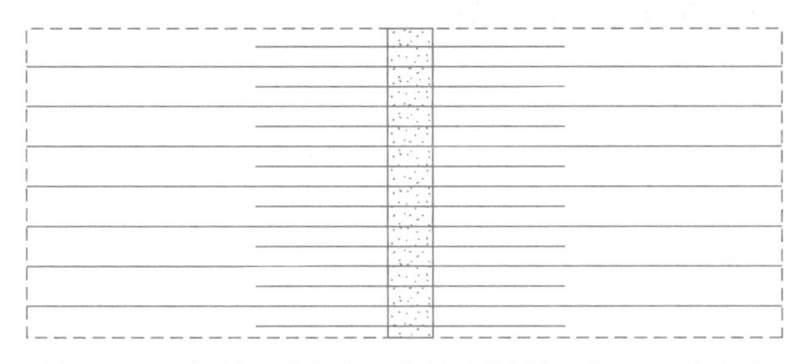

图 4-10　上部贯通筋与支座非贯通筋“隔一布一”组合方式

为③号非贯通纵筋(伸出长度值略)。

【例 4-6】　某板上部已配置贯通纵筋 ⏀10@250,该跨配置的支座上部同向非贯通纵筋为⑥HRB400⏀12@250,表示该跨实际设置的上部纵筋为 ⏀10 和 ⏀12 间隔布置,两者之间的间距为 125mm。

4.2.2　有梁楼板的平法标准配筋构造解读

扫描二维码进行有梁楼板的平法标准配筋构造解读训练。

有梁楼面板 LB 和屋面板 WB 钢筋标准构造解读如下。

(1) 括号内的锚固长度用于梁板式转换层的板。

(2) 板下部钢筋可在中间支座内锚固(伸入支座 $5d$ 且至少到支座中线)或贯穿中间支座。与支座负筋垂直的第一道分布筋距梁边缘 50mm。

(3) 接头位置:上部贯通纵筋的连接区由设计人员具体确定,下部钢筋宜在距支座 1/4 净跨内。

(4) 当相邻等跨或不等跨的上部贯通纵筋配置不同时,应将配置较大者越过其标注的跨数终点或起点伸出至相邻跨的跨中连接区进行连接。

(5) 图中板中间支座均按梁绘制,当支座为混凝土剪力墙、砌体墙或圈梁时,其构造相同。

有梁楼盖板在端部支座的不同锚固构造,主要是因为支座除了梁,还有剪力墙、砌体墙或圈梁等。二维码中示例了有梁楼盖板在端部各类支座内的纵筋锚固构造。一些共性解读如下。

(1) 括号内的锚固长度用于梁板式转换层的板。

(2) 图中“设计按铰接时”“充分利用钢筋的抗拉强度时”应由设计人员指定。

其他上部纵筋、下部纵筋的锚固分别如二维码中所示,不再赘述。

小　结

本项目介绍的是现浇钢筋混凝土结构体系中的一个重要构件——板的平法施工图。除了接下来的剪力墙之外,本书至此所讲解的平法施工图已经涵盖了框架结构中的梁、柱板受力构件,并将有关钢筋混凝土楼盖板与框架梁、柱的钢筋混凝土标准构造的内容结合在一起，帮助读者形成钢筋混凝土框架结构专业知识的一个较为完整的架构。

学习笔记

能力训练

1. 板块是如何编号的?

2. 现行混凝土规范对单、双向板的划分是如何规定的?

3. 现浇有梁楼盖板内的钢筋分几类?简述其作用。

4. 板纵向钢筋的连接方式有哪几种?

5. 有梁楼盖楼面板LB和屋面板WB钢筋构造是如何做的?

6. 有梁楼盖板在端部支座的锚固构造是如何做的?

7. 板块集中标注的内容有哪几项?板块的原位标注有哪几项?

项目 5 剪力墙平法施工图识读

教学目标

1. 掌握剪力墙的分类、配筋构造及平法制图规则的含义。

2. 掌握剪力墙身水平和竖向钢筋构造，以及各种约束边缘构件和构造边缘构件的构造。

3. 熟悉并理解扶壁柱、非边缘暗柱、剪力墙连梁、暗梁、边框梁配筋构造及地下室外墙钢筋构造等。

4. 掌握剪力墙钢筋计算的步骤和方法。

任务驱动

二维码所示为剪力墙平法施工图截面注写方式示例。下面将结合前面的平法识图知识，围绕本图所表达的图形语言及截面注写数字和符号的含义，一步一步引领读者正确读懂和理解剪力墙平法施工图。

任务 5.1 认识剪力墙及墙内钢筋

剪力墙按剪力墙柱、剪力墙身、剪力墙梁三类构件分别编号。下面将对剪力墙中的墙身、墙柱、墙梁分别进行详细介绍。

5.1.1 剪力墙简介和分类

1. 剪力墙简介

现行混凝土规范规定：当竖向构件截面的长边(长度)、短边(厚度)比值大于 4 时，宜按剪力墙的要求进行设计。通俗来讲，剪力墙就是现浇钢筋混凝土受力墙体，也被称为抗震墙。顾名思义，剪力墙主要用来承受地震时的水平力，同时还能承受垂直力和水平风力。

在高层钢筋混凝土建筑中，有框架结构和剪力墙结构。剪力墙构件的结构可以细分为剪力墙结构、框架—剪力墙结构、部分框支剪力墙结构和筒体结构。其中框架—剪力墙结构中的剪力墙通常有两种设计布置方式，一种是剪力墙与框架分开，围成筒、墙，两端没有柱子；另一种是剪力墙嵌入框架内，有端柱和边框梁，称为“带边框的剪力墙”。

剪力墙属于混凝土结构众多受力构件(柱、梁、板、各类基础等)中的一种，剪力墙的钢筋结构图和钢筋轴测投影示意，见图 5-1。

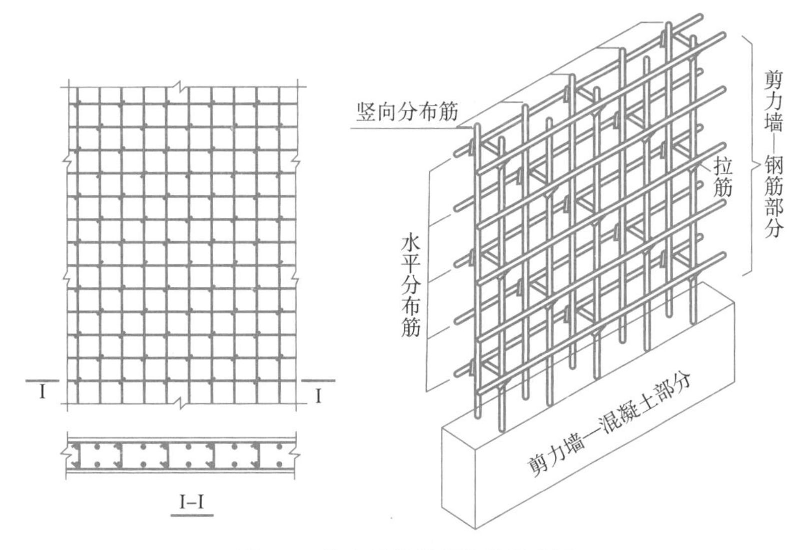

图 5-1　剪力墙的钢筋结构示意图

2. 剪力墙的分类

剪力墙设计与框架柱或梁类构件设计有显著区别。柱、梁构件属于杆类构件，而剪力墙水平截面的长宽比相对杆类构件的高宽比要大得多；柱、梁构件的内力基本上逐层、逐跨呈规律性变化，而剪力墙内力基本呈整体变化，剪力墙承载楼层荷载但基本不受其所关联层的约束。剪力墙本身特有的内力变化规律与抵抗地震作用时的构造特点，决定了必须在其边缘部位加强配筋，以及在其楼层位置根据抗震等级要求加强配筋或局部加大截面尺寸。此外，连接两片墙的水平构件功能也与普通梁有显著不同。为了表达简便、清晰，平法将剪力墙分为剪力墙柱、剪力墙身和剪力墙梁三类构造分别表达。

应注意，归入剪力墙柱的端柱、暗柱等不是普通概念的柱，因为这些墙柱不可能脱离整片剪力墙独立存在，也不可能独立变形。称其为墙柱是因为其配筋都是由竖向纵筋和水平箍筋构成，绑扎方式与柱类似，但与柱不同的是墙柱同时与墙身混凝土和钢筋完整结合在一起。因此，墙柱实质上是剪力墙边缘的集中配筋加强部位。同理，归入剪力墙梁的暗梁、边框梁、框支梁等与受弯且受剪的梁没有任何关系，因为这些墙梁不可能脱离整片剪力墙独立存在，也不可能像普通概念的梁一样独立受弯变形。暗梁、边框梁、框支梁根本不属于受弯构件，称为墙梁，是因为其配筋都是由纵向钢筋和横向箍筋构成，绑扎方式与梁类似，同时又与墙身混凝土和钢筋完整结合在一起。因此，暗梁、边框梁、框支梁实质上是剪力墙在楼层位置的水平加强带。此外，归入剪力墙梁中的连梁属相对独立的水平构件，但其主要功能是将两片剪力墙连接在一起，当抵抗地震作用时使两片连在一起的剪力墙协同工作。

5.1.2　墙身、墙柱、墙梁的编号和截面尺寸表达

1. 墙身的编号及厚度

1）墙身的编号

墙身编号由墙身代号、序号，以及墙身所配置的水平与竖向分布钢筋的排数组成，见表 5-1。

表 5-1　剪力墙身编号

类 型	代号	序号	说　明
剪力墙身	Q(×)	××	剪力墙除去短柱、边缘暗柱、边缘翼墙、边缘转角器的强身部分

其中，排数注写在括号内，表达形式为 Q××(×排)；若排数为 2，可不注。编号时，若墙身的厚度尺寸和配筋均相同，仅墙厚与轴线的关系不同或墙身长度不同时，也可将其编为同一墙身号。

例如，Q4(3 排)表示 4 号剪力墙身，配 3 排钢筋网片。Q5 表示 5 号剪力墙身，配 2 排钢筋网片。

剪力墙墙身所配置钢筋网片排数的设置，应符合图 5-2 的规定。

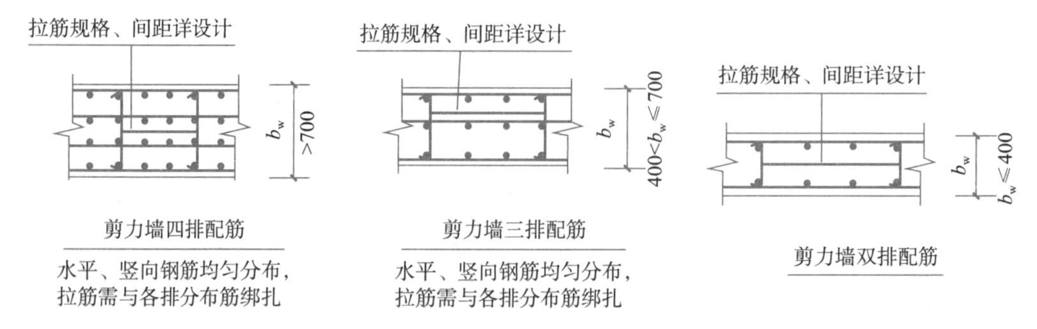

图 5-2　不同厚度的剪力墙钢筋排数配置

各排水平分布钢筋和竖向分布钢筋的直径与间距应保持一致，而且通常情况下剪力墙中的水平分布钢筋位于墙的外侧，竖向分布钢筋位于水平分布钢筋的内侧，见图 5-1。

当剪力墙配置的分布钢筋多于两排时，剪力墙拉筋两端应同时钩住外排水平纵筋和竖向纵筋，还应与剪力墙内排水平纵筋和竖向纵筋绑扎在一起。

2）墙身的厚度

剪力墙墙身的厚度由设计图纸提供。

2. 墙柱编号和截面尺寸

剪力墙墙柱可分为约束边缘构件、构造边缘构件、非边缘暗柱和扶壁柱四大类。

墙柱编号由墙柱类型代号和序号组成，表达形式应符合表 5-2 的规定。

编号时，墙柱的截面尺寸与配筋均相同，仅截面与轴线的关系不同时，可将其编为同一墙柱号。表 5-2 中，约束边缘构件包括约束边缘暗柱、约束边缘端柱、约束边缘翼墙柱、约束边缘转角墙柱四种标准类型，见图 5-3；构造边缘构件包括构造边缘暗柱、构造边缘端柱、构造边缘翼墙柱和构造边缘转角墙柱四种标准类型，见图 5-4；扶壁柱、各种非边缘暗柱见图 5-5。

表 5-2　墙柱编号

墙柱类型	代号	序号
约束边缘构件	YBZ	××
构造边缘构件	GBZ	××
非边缘暗柱	AZ	××
扶壁柱	FBZ	××

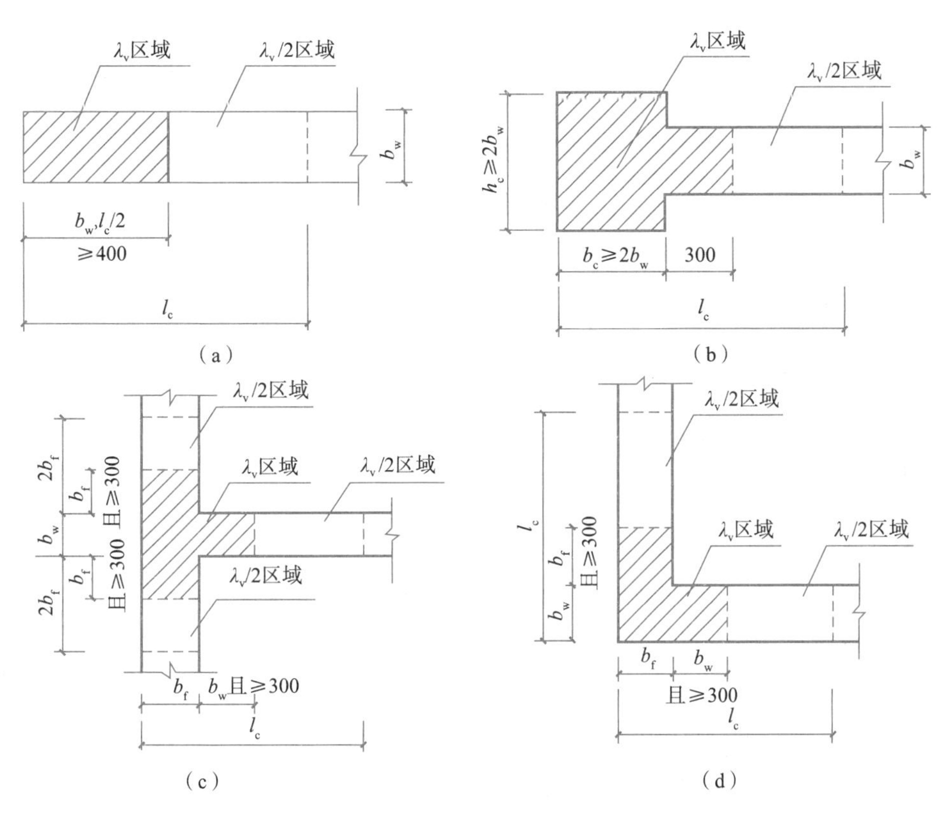

图 5-3 约束边缘构件

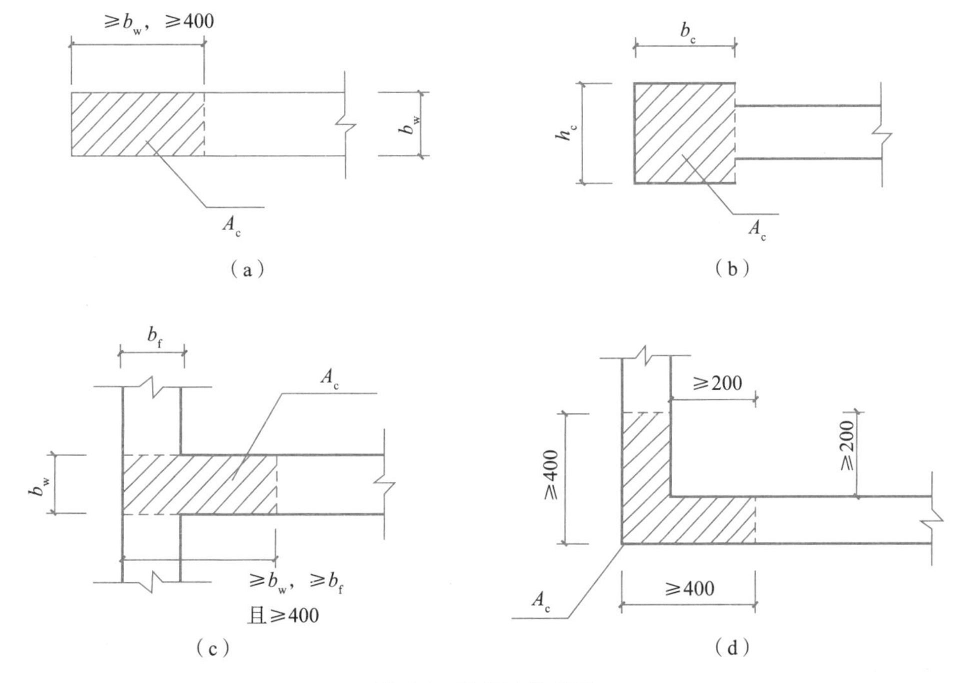

图 5-4 构造边缘构件

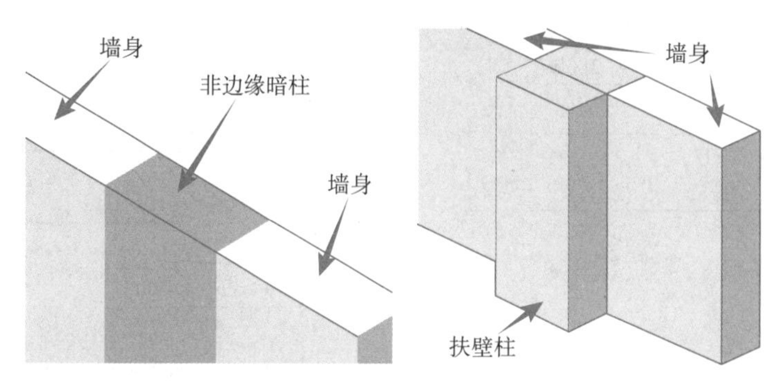

图 5-5 扶壁柱和各种非边缘暗柱示意

根据抗震等级的不同，剪力墙边缘构件应按规定设计为约束边缘构件和构造边缘构件。约束边缘构件设置墙柱核心部位和扩展部位，构造边缘构件仅设置墙柱核心部位。

约束边缘构件沿墙肢的长度 l_c、配箍特征值 λ_v、各类墙柱的截面形状与几何尺寸等均由设计图纸提供，见图 5-6。

仔细观察图 5-3～图 5-6 所示的墙柱类型，根据截面厚度是否与墙体同厚可将它们分为两大类，端柱和扶壁柱（比墙体厚）归为一类；其他墙柱（与墙体同厚）归为另一类，统称暗柱。

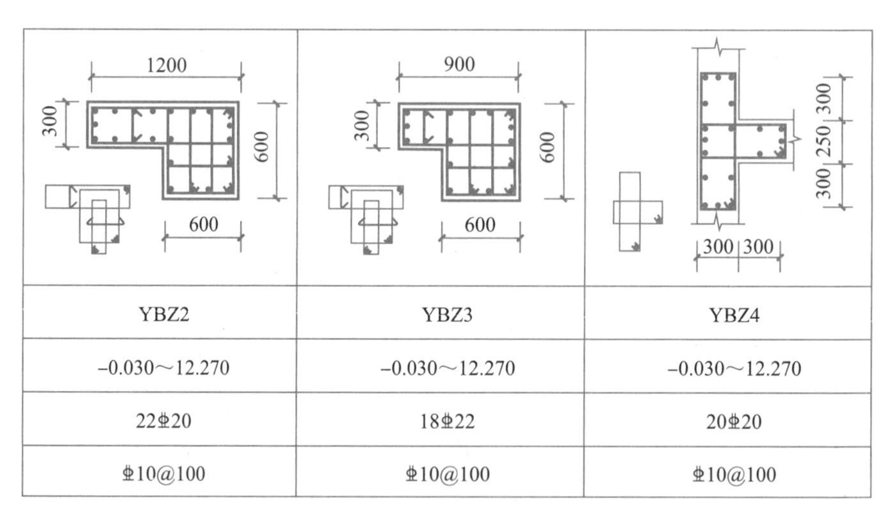

1200, 300, 600, 600	900, 300, 600, 600	300, 250, 300, 300, 300
YBZ2	YBZ3	YBZ4
−0.030～12.270	−0.030～12.270	−0.030～12.270
22⌀20	18⌀22	20⌀20
⌀10@100	⌀10@100	⌀10@100

图 5-6 某工程的剪力墙柱表（局部）示例

特别提示

在框架—剪力墙结构中，部分剪力墙的端部设有端柱，有端柱的墙体在楼盖处宜设置边框梁或暗梁。端柱和扶壁柱中纵筋构造应按框架柱在顶层的构造连接做法，而暗柱纵筋在顶层楼板处的做法同剪力墙墙身中竖向分布钢筋的做法。

3. 墙梁编号

剪力墙的墙梁可分为连梁、暗梁和边框梁三种类型，墙梁编号由墙梁类型代号和序号组成，表达形式应符合表 5-3 的规定。

表 5-3　墙梁编号

墙柱类型	代号	序号
连梁	LL	××
连梁(对角暗撑配筋)	LL(JC)	××
连梁(交叉斜筋配筋)	LL(JX)	××
连梁(集中对角斜筋配筋)	LL(DX)	××
连梁(跨高比不小于 5)	LLk	××
暗梁	AL	××
边框梁	BKL	××

1）连梁 LL

连梁设置在所有剪力墙身上、下洞口之间的位置,其实就是"窗间墙"的范围。连梁连接被一串洞口分割开的两片墙肢,当抵抗地震作用时使两片连接在一起的剪力墙协同工作。

2）暗梁 AL 和边框梁 BKL

暗梁、边框梁两者的区别在于截面是否与墙同宽。其抗震等级按框架部分,构造按框架梁,纵筋应伸入端柱中进行锚固。

在具体工程中,当某些带有端柱的剪力墙墙身需要设置暗梁或边框梁时,宜在剪力墙平法施工图中绘制暗梁或边框梁的平面布置图并编号,以明确其具体位置。

5.1.3　剪力墙内钢筋的分类

剪力墙由墙身、墙柱和墙梁组成。墙身内的钢筋有水平分布筋、竖向分布筋和拉筋3种;墙柱的钢筋与普通柱类似,有纵筋和箍筋两种;墙梁内的钢筋与普通梁类似,有上、下部纵筋、箍筋、腰筋(可不单独设置,仅由墙身的水平分布筋替代)及拉筋。

剪力墙内钢筋的详细分类见图 5-7。

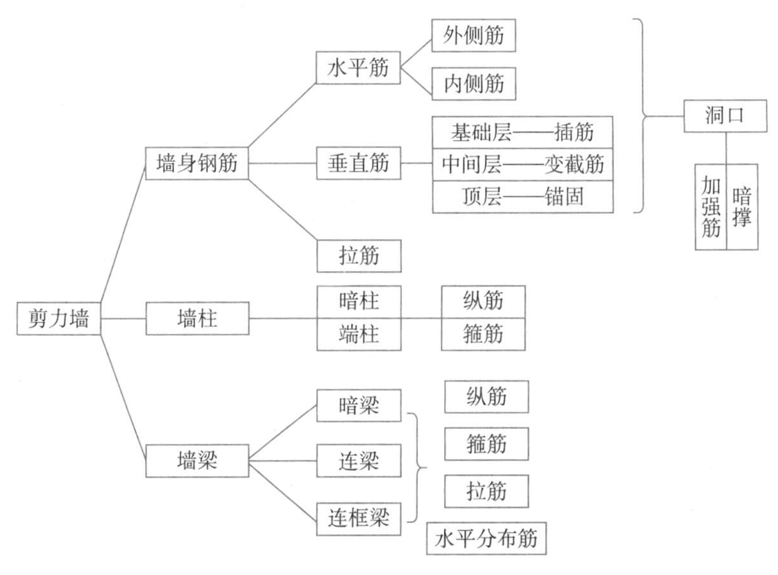

图 5-7　剪力墙内的钢筋分类

任务 5.2　解读剪力墙平法制图规则

剪力墙平法施工图制图规则，是在剪力墙平面布置图上采取截面注写方式或列表注写方式表达剪力墙结构设计的方法，若要深入的学习该部分内容，首先要熟练掌握剪力墙平法施工图的注写方式。

5.2.1　剪力墙平法施工图的列表注写方式

1. 剪力墙平面布置图的绘制

采用列表注写方式表达剪力墙平法施工图，完全可以按一种比例绘制其平面图。无论层数和高度及截面如何变化，只要图面能够容下结构平面和相应的表格即可。采用列表注写方式仅需一张图纸，即可将本工程所有剪力墙除构造之外的设计内容一次性地表达清楚，如二维码中图(a)所示。

在剪力墙平法施工图中同样加注结构层楼面标高及层高表，以便施工人员将注写的剪力墙高度与表对照后，明确剪力墙的竖向定位(水平定位已经在平面布置图中表达)，如二维码中图(a)所示。

2. 列表注写方式的一般要求

剪力墙列表注写方式分别对应剪力墙平面布置图上的编号，在剪力墙柱表、剪力墙身表、剪力墙梁表中放入截面配筋图，并在表的相应栏目中注写几何尺寸与配筋的方式，来表达剪力墙平法施工图。

首先绘制剪力墙平面布置图(可采用单一比例)，对图中所有墙柱、墙身、墙梁分别进行编号，具体设计内容在剪力墙柱表、墙身表、墙梁表中分别表达。

3. 剪力墙柱表

剪力墙柱表的格式见二维码图(b)中的剪力墙柱表，表中可根据具体工程情况增加栏目。

在剪力墙柱表中表达的内容如下。

(1) 注写墙柱编号并绘制各段墙柱的截面配筋图。

(2) 与墙柱的截面配筋图对应，注写各段墙柱的起止标高，自墙柱根部往上已变截面位置或截面未变但配筋改变处为界分段注写。墙柱根部标高是指基础顶面标高。

(3) 注写各段墙柱的纵筋和箍筋，注写的纵筋根数应与在表中绘制的截面配筋图对应一致。纵筋注写总配筋值；箍筋注写规格与竖向间距，但不注写两向肢数，箍筋肢数与复合方式在截面配筋图中应绘制准确。对于构造边缘构件墙柱，注写墙柱核心部位的箍筋。对于约束边缘构件墙柱，注写墙柱核心部位的箍筋，以及墙柱扩展部位的拉筋或箍筋(可仅注直径，其根数见截面图、竖向间距与剪力墙水平分布筋间距相同)。

4. 剪力墙身表

剪力墙身表的格式见二维码图(a)中的剪力墙身表，表中内容可根据具体工程情况增加栏目。

在剪力墙身表中表达的内容如下：

(1) 注写墙身编号；

(2) 注写各段墙身高度和墙厚尺寸；

(3) 对应于各段墙身高度的水平分布筋、竖向分布筋和拉筋。

5. 剪力墙梁表

剪力墙梁表的格式见二维码图(a)中的剪力墙梁表，表中可根据具体工程情况增加栏目。

在剪力墙梁表中表达的内容如下：

(1) 注写墙梁编号；

(2) 注写墙梁所在楼层号/墙梁顶面相对标高高差(当无高差时则不注)；

(3) 注写梁截面尺寸 $b\times h$/箍筋(肢数)；

(4) 注写墙梁上部纵筋、下部纵筋、侧面纵筋(当不注侧面纵筋时，侧面纵筋按墙身水平分布筋设置)。

5.2.2 剪力墙平法施工图的截面注写方式

1. 剪力墙平面布置图的绘制

采用截面注写方式宜分标准层绘制剪力墙平面布置图，每张图纸可表达一个剪力墙标准层，也可将不同标准层的设计要素加括号以示区别，从而在一张图纸上表达多于一个标准层的剪力墙配筋图。

剪力墙平面布置图需选用适当比例放大绘制，墙柱应绘制截面配筋图，其竖向受力纵筋、箍筋和拉筋均应在截面配筋图上表达清楚；当为约束边缘构件时，由于墙柱扩展部位的水平分布筋和垂直分布筋就是剪力墙的配筋，而仅墙柱扩展部位的拉筋属于约束边缘墙柱配筋，所以墙身也需要绘制钢筋，但墙梁仅需绘制平面轮廓线；当为构造边缘构件时，墙柱应绘制截面配筋图，墙身和墙梁则仅需绘制平面轮廓线；墙洞口需要在平面图上标注其中心的平面定位尺寸。

2. 剪力墙柱的截面注写

在选定进行标注的截面配筋图上集中注写：

(1) 墙柱编号；

(2) 墙柱竖向纵筋：××Φ××；

(3) 墙柱核心部位箍筋/墙柱扩展部位拉筋：Φ××@×××/Φ×××。

3. 剪力墙身的注写

在选定进行标注的墙身上集中注写：

(1) 墙身编号：Q×××(×)，括号内需要注写钢筋的排数；

(2) 墙厚：×××；

(3) 水平分布筋/垂直分布筋/拉筋：Φ×××@×××/Φ×××@×××/Φ×@×

a@×b 双向(或梅花双向)。

剪力墙身的注写说明如下。

(1) 拉筋应在剪力墙竖向分布筋和水平分布筋的交叉点同时拉住两筋,其间距@×a 表示拉筋水平间距为剪力墙竖向分布筋间距 a 的×倍;@×b 表示拉筋竖向间距为剪力墙水平分布筋间距 b 的×倍,且应注明"双向"或"梅花双向"。当所注写的拉筋直径、间距相同时,应注意拉筋"梅花双向"布置的用钢量约为"双向"布置的两倍。

(2) 在剪力墙平面布置图上应注墙身的定位尺寸,该定位尺寸同时可确定剪力墙柱的定位。在相同编号的其他墙身上可仅注写编号及必要附注。

4. 剪力墙梁的注写

在选定进行标注的墙梁上集中注写:

(1) 墙梁编号;

(2) 所在楼层号/墙梁顶面相对标高高差:××层至××层;

(3) 截面尺寸/箍筋(肢数):b×h/⏀××@×××(×);

(4) 下部纵筋/上部纵筋/侧面纵筋:×⏀××/×⏀××/⏀××@×××;

(5) 当不同楼层的梁截面尺寸不同,但梁顶面相对标高高差相同时,可将梁顶面标高高差注写在该项。

5.2.3 剪力墙洞口的表示方法

无论采用列表注写方式还是截面注写方式,剪力墙上的洞口均可在剪力墙平面布置图上原位表达。

1. 洞口的具体表示方法

在剪力墙平面布置图上绘有洞口示意,并标注洞口中心的平面定位尺寸。

在洞口中心位置引注:①洞口编号;②洞口几何尺寸;③洞口中心相对标高;④洞口每边补强钢筋。

2. 具体规定

(1) 洞口编号:矩形洞口为 JD××(××为序号),圆形洞口为 YD××(××为序号)。

(2) 洞口几何尺寸:矩形洞口为洞宽×洞高(b×h),圆形洞口为洞口直径 D。

(3) 洞口中心相对标高:相对于结构层楼(地)面标高的洞口中心高度。当其高于结构层楼面时为正值,低于结构层楼面时为负值。

(4) 洞口每边补强钢筋:主要分以下几种情况。

① 当矩形洞口的洞宽、洞高均不大于 800mm 时,此项注有洞口每边补强钢筋的具体数值(如果按标准构造详图设置补强钢筋时可不注)。当洞宽、洞高方向补强钢筋不一致时,应分别注有洞宽方向、洞高方向补强钢筋,以"/"分隔。

【例 5-1】 JD2 400×300+3.100 3⏀14,表示 2 号矩形洞口,洞宽 400mm,洞高 300mm,洞口中心距本结构层楼面 3100mm,洞口每边补强钢筋为 3⏀14。

【例 5-2】 JD3 400×300+3.100,表示 3 号矩形洞口,洞宽 400mm,洞高 300mm,洞口中心距本结构层楼面 3100mm,洞口每边补强钢筋按构造配置。

【例 5-3】 JD4 800×300+3.100 3⌀18/3⌀14,表示 4 号矩形洞口,洞宽 800mm,洞高 300mm,洞口中心距本结构层楼面 3100mm,洞宽方向补强钢筋为 3⌀18,洞高方向补强钢筋为 3⌀14。

② 当矩形或圆形洞口的洞宽或直径大于 800mm 时,在洞口的上下需设置补强暗梁,此项注写为洞口上下每边补强暗梁的纵筋与箍筋的具体数值;当为圆形洞口时尚需注明环向加强钢筋的具体数值;当洞口上下边为剪力墙连梁时,此项免注;洞口竖向两侧设置边缘构件时,也不在此项表达。

【例 5-4】 JD5 1800×2100+1.800 6⌀20 Φ8@150,表示 5 号矩形洞口,洞宽 1800mm、洞高 2100mm,洞口中心距本结构层楼面 1800mm,洞口上下设补强暗梁,每边暗梁纵筋为 6⌀20,箍筋为 Φ8@150。

【例 5-5】 YD5 1000+1.800 6⌀20 Φ8@150 2⌀16,表示 5 号圆形洞口,直径 1000mm,洞口中心距本结构层楼面 1800mm,洞口上下设补强暗梁,每边暗梁纵筋为 6⌀20,箍筋为 Φ8@150,环向加强钢筋 2⌀16。

③ 当圆形洞口设置在连梁中部 1/3 范围(且圆洞直径不应大于 1/3 梁高)时,需注写在圆洞上下水平设置的每边补强纵筋与箍筋。

④ 当圆形洞口设置在墙身或暗梁、边框梁位置,且洞口直径不大于 300mm 时,此项注写为洞口上下左右每边布置的补强纵筋的具体数值。

⑤ 当圆形洞口直径大于 300mm,但不大于 800mm 时,其加强钢筋在标准构造详图中是按照圆外切正六边形的边长方向布置(请参考对照本图集中相应的标准构造详图)。

5.2.4 地下室外墙的制图规则

地下室外墙与普通剪力墙相比,增加了挡土作用,其墙柱、连梁及洞口表示同地上剪力墙。

1. 地下室外墙集中标注

(1) 注写外墙编号,包括墙身代号、序号和墙身长度,表达为 DWQ××。

(2) 注写地下室外墙厚度 b_w=×××。

(3) 注写地下室外墙钢筋。

外侧贯通钢筋以 OS 表示,外侧水平贯通筋用 H 打头,外侧竖向贯通筋用 V 打头。

内侧贯通钢筋以 IS 表示,内侧水平贯通筋用 H 打头,内侧竖向贯通筋用 V 打头。

以 tb 打头注写拉筋直径、强度等级及间距,并注明“矩形”或“梅花形”。

2. 地下室外墙原位标注

地下室外墙原位标注主要表示在外墙外侧配置的水平非贯通筋或竖向非贯通筋。

地下室外墙外侧粗实线段表示水平非贯通筋,以 H 打头注写钢筋强度等级、直径、分布间距及自支座中线向两边跨内伸出的长度值,如两侧对称伸出,可在单侧标注。边支座处非贯通筋的伸出长度值从支座外边缘算起。外墙外侧非贯通筋一般采用与集中标注的贯通筋“隔一布一”的间隔布置方式,间距与贯通筋应相同,组合后的实际分布间距为各自标注间距的 1/2。

补充绘制地下室外墙竖向截面轮廓图,外侧粗实线段表示竖向非贯通筋,以 V 打头注写钢筋强度等级、直径、分布间距以及向上或向下伸出的长度值，地下室底部非贯通筋向层内的伸出长度值从基础底板顶面算起，地下室顶部非贯通筋向层内的伸出长度值从板底面算起，中间楼板处非贯通筋向层内的伸出长度值从板中间算起，当上下两侧伸出的长度一致时，可写一侧。在截面轮廓图下注明分布范围（一般为两轴线范围）。

地下室外墙外侧水平、竖向非贯通筋配置相同时，可选一处注写，其他的只写编号。

图纸应给出扶壁柱还是内墙作为墙身水平方向的支座，顶板作为外墙的简支支承还是弹性嵌固支承，以便于选择合理的配筋方式。

任务 5.3　剪力墙标准构造

剪力墙平法施工图中的剪力墙由墙柱、墙身和墙梁三类构件构成。墙柱、墙梁与框架柱、框架梁在配筋形式上类似，可以借鉴对比来学习和记忆，切记不能混为一谈。

5.3.1　墙身钢筋构造

1. 剪力墙水平钢筋构造

(1) 端部有暗柱时剪力墙水平钢筋端部做法及水平分布钢筋交错搭接如图 5-8 所示。剪力墙水平钢筋伸至墙端，向内弯折 $10d$，由于暗柱中的箍筋较密，墙中的水平分布钢筋也可以伸入暗柱远端纵筋内侧，水平弯折 $10d$。

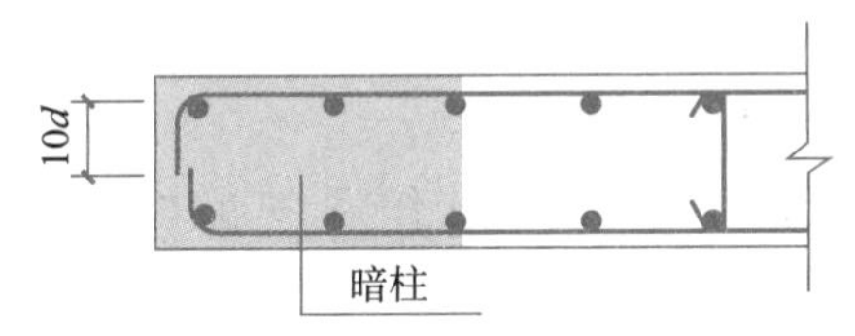

图 5-8　端部有暗柱时剪力墙水平分布钢筋端部做法

(2) 转角墙的做法是内侧钢筋伸到对面墙后，弯折 $15d$，如图 5-9 所示。

暗柱转角墙(一)是外侧钢筋在墙一侧上下相邻两排水平钢筋在转角处交错搭接。

暗柱转角墙(二)是外侧钢筋上下相邻两排水平钢筋在转角两侧分别交错搭接。

暗柱转角墙(三)是外侧钢筋上下相邻两排水平钢筋在转角处搭接，搭接长度为 $l_{lE}(l_l)$。

(3) 转角墙多排配筋，拉结筋应与剪力墙每排的竖向分布钢筋和水平分布钢筋绑扎；剪力墙分布钢筋配置若多于两排，中间排水平分布钢筋端部构造同内侧钢筋，水平分布钢筋宜均匀放置，如图 5-10 所示。

(4) 剪力墙翼墙与斜交翼墙水平钢筋的做法。内墙两侧水平分布钢筋应伸缩至翼墙外侧，向两侧弯折 $15d$，如图 5-11 所示。

(5) 端柱墙水平钢筋的做法是位于端柱纵向钢筋内侧的墙水平分布钢筋(靠边除外)伸入端柱的长度不小于 l_{aE}时可直锚；不能直锚时，水平分布钢筋伸至端柱对边钢筋内侧弯折 $15d$，位于角部外侧贴边水平钢筋弯折水平段长度不小于 $0.6l_{abE}$。

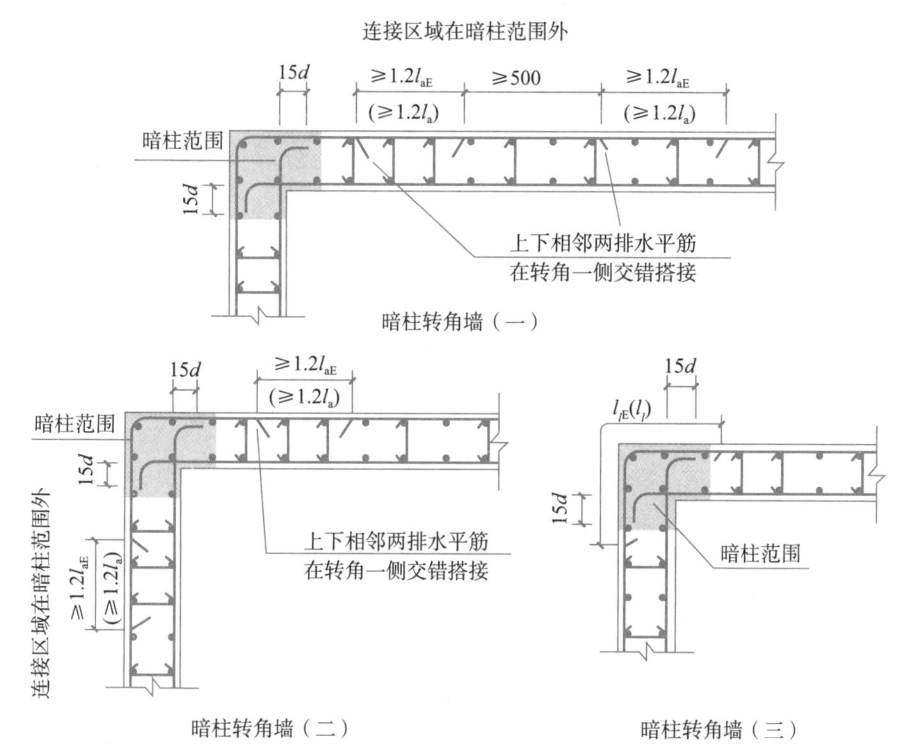

图 5-9　转角墙的做法

拉结筋规格、间距详见设计

(a) 剪力墙双排配筋

(b) 剪力墙三排配筋

(c) 剪力墙四排配筋

图 5-10　剪力墙钢筋拉筋

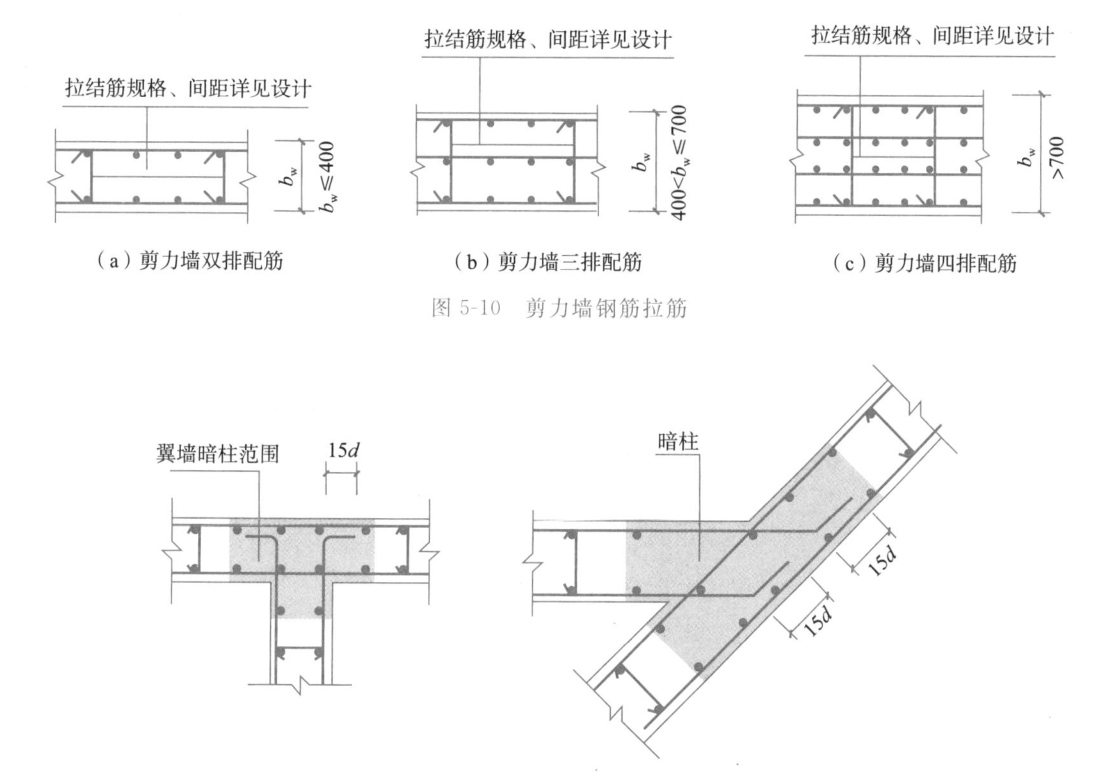

图 5-11　剪力墙翼墙与斜交翼墙

端柱转角墙水平钢筋的做法如图 5-12 所示。

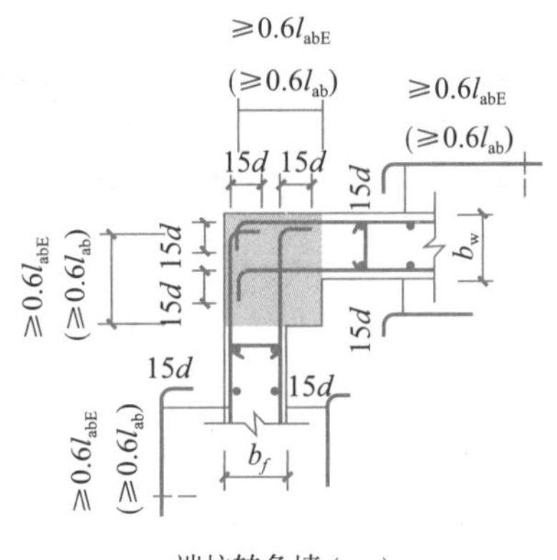

端柱转角墙（一）

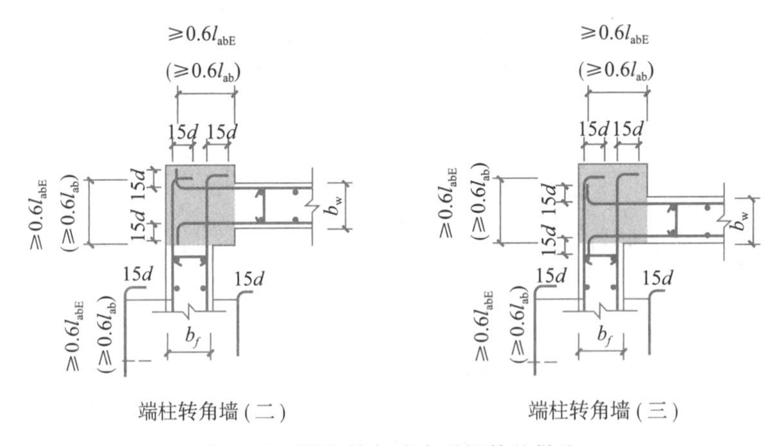

端柱转角墙（二）　　端柱转角墙（三）

图 5-12　端柱转角墙水平钢筋的做法

端柱翼墙水平钢筋的做法如图 5-13 所示。

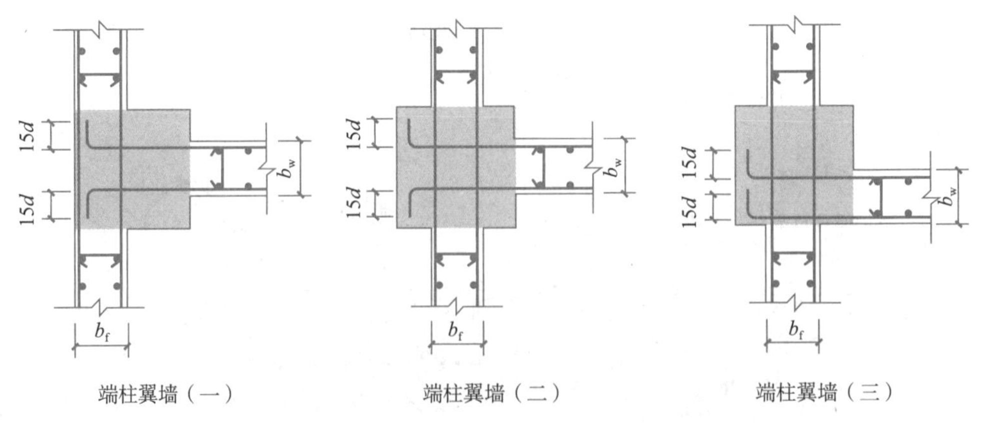

端柱翼墙（一）　　端柱翼墙（二）　　端柱翼墙（三）

图 5-13　端柱翼墙水平钢筋构造

端柱端部水平钢筋的做法如图 5-14 所示。

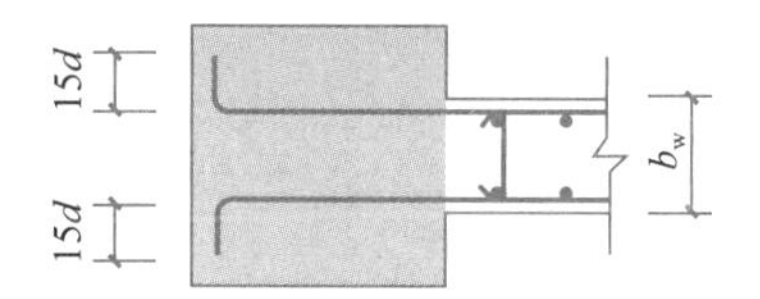

图 5-14　端柱端部水平钢筋的做法

2. 剪力墙竖向钢筋构造

当墙体受到与墙面垂直的较大水平荷载时,如地下室外墙受土压力作用,应将竖向钢筋放在水平分布筋外侧。

1）墙插筋在基础中的构造

(1）墙插筋保护层厚度大于 $5d$ 时的构造。墙插筋应伸至基础底部支在基础底部钢筋网片上,并在基础高度范围内设置间距不大于 500mm,且不少于两道水平分布钢筋与拉筋,如图 5-15 所示。

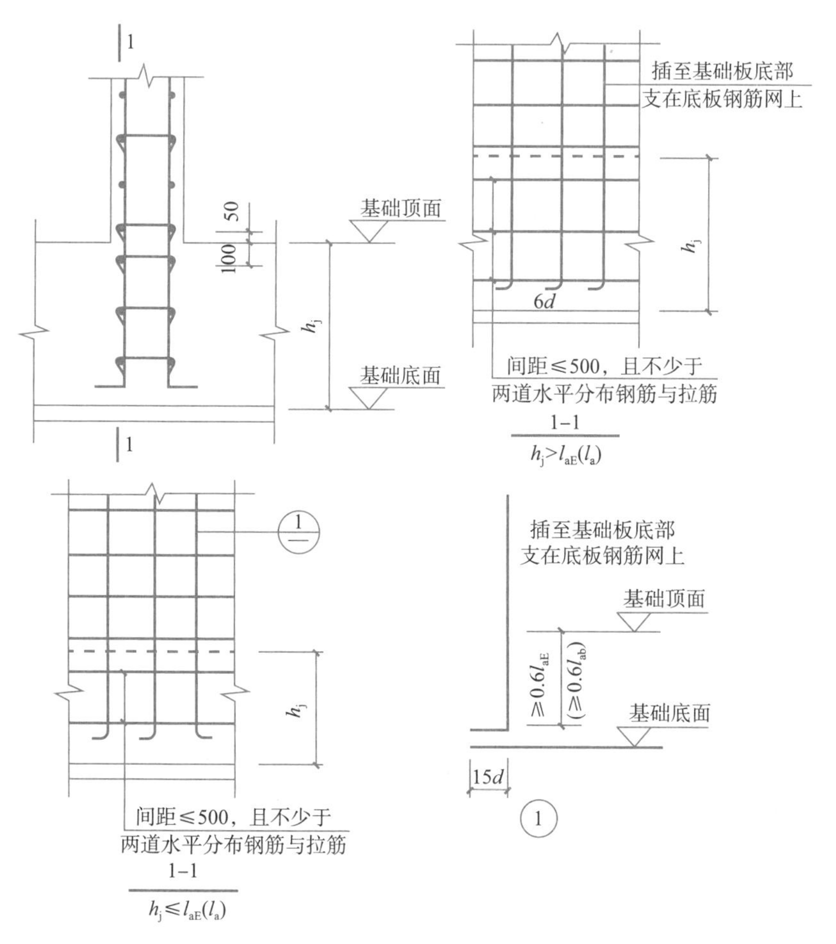

图 5-15　墙插筋在基础中锚固构造(插筋保护层厚度大于 $5d$)

(2) 墙外侧插筋保护层厚度不大于 $5d$ 时的构造。当墙位于基础边部时,插筋的保护层厚度不大于 $5d$ 的部位应设置横向附加水平钢筋,即锚固区横向钢筋,如图 5-16 所示。

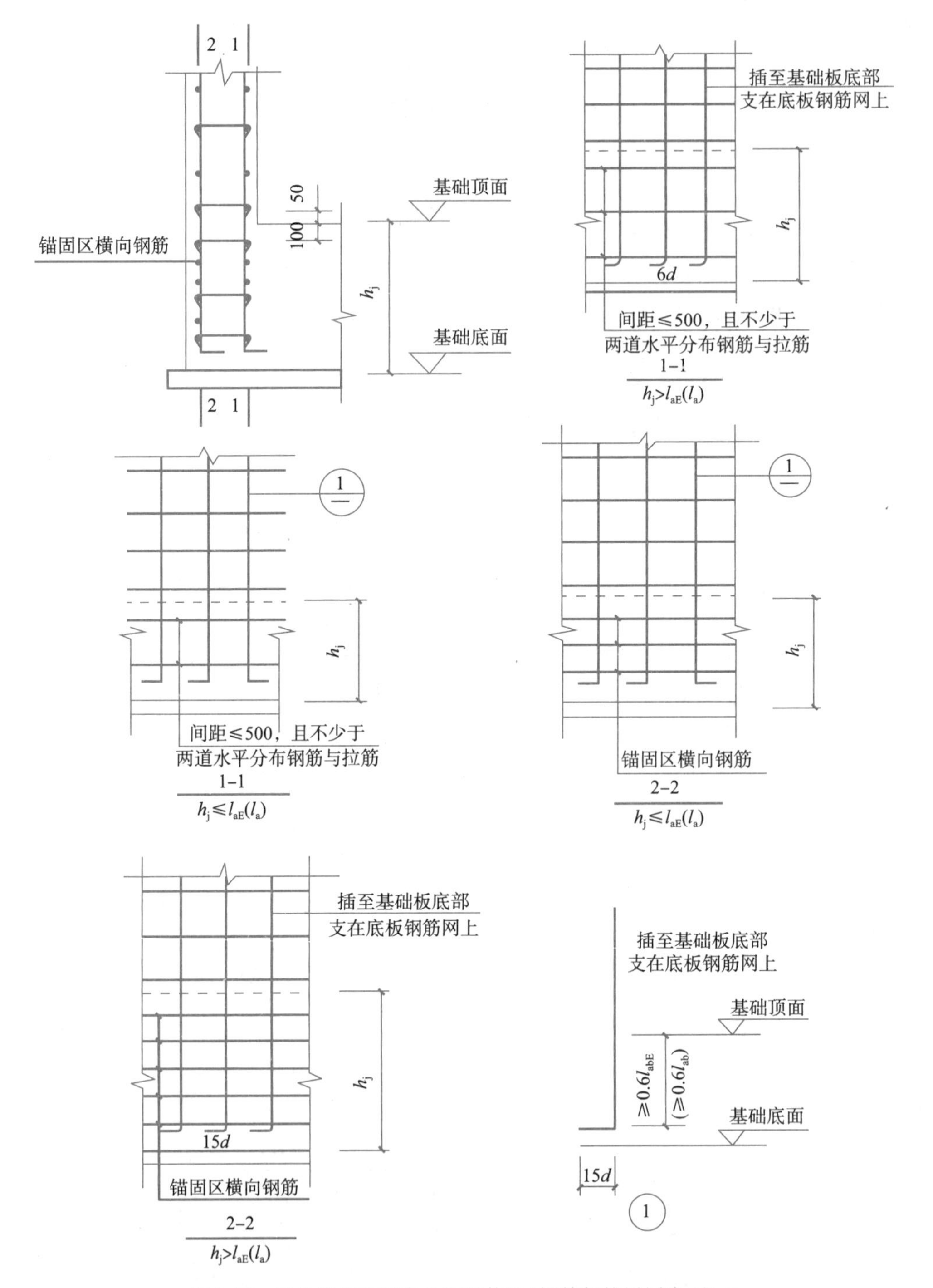

图 5-16 墙插筋在基础中的锚固构造(插筋保护层厚度≤$5d$)

(3) 墙外侧纵筋与底板纵筋搭接时的构造。墙外侧纵筋与底板纵筋搭接时构造如图 5-17 所示。墙外侧纵筋插至基础板底部且支在底板钢筋网上，并向内弯折不小于 $15d$。底板钢筋伸至基础板尽端向上弯折至基础顶面。

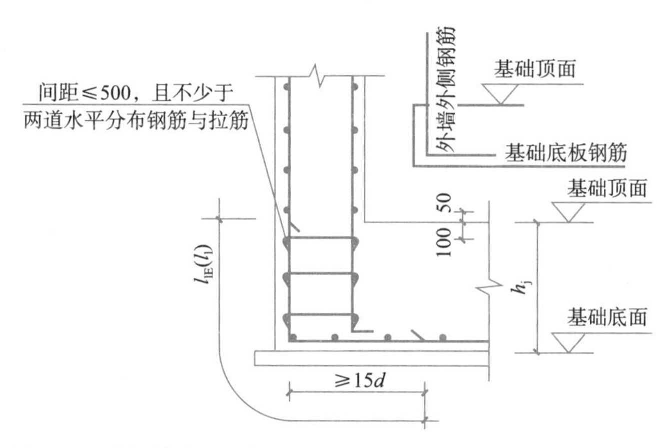

图 5-17　墙插筋在基础中锚固构造（墙外侧纵筋与底板纵筋搭接）

2）剪力墙竖向分布钢筋连接构造

墙身竖向钢筋的连接如图 5-18 所示，在绑扎搭接长度、非连接区规定、相邻纵筋连接的交错距离、接头百分率等方面与框架柱纵向钢筋的连接有所不同。

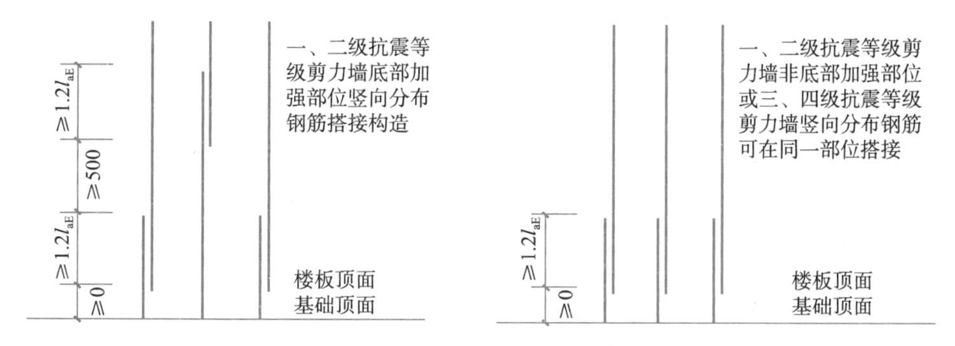

图 5-18　剪力墙竖向分布钢筋连接构造

3）墙身变截面处竖向分布钢筋构造

墙身变截面处竖向分布钢筋构造如图 5-19 所示，与框架柱变截面处的纵筋构造相似。

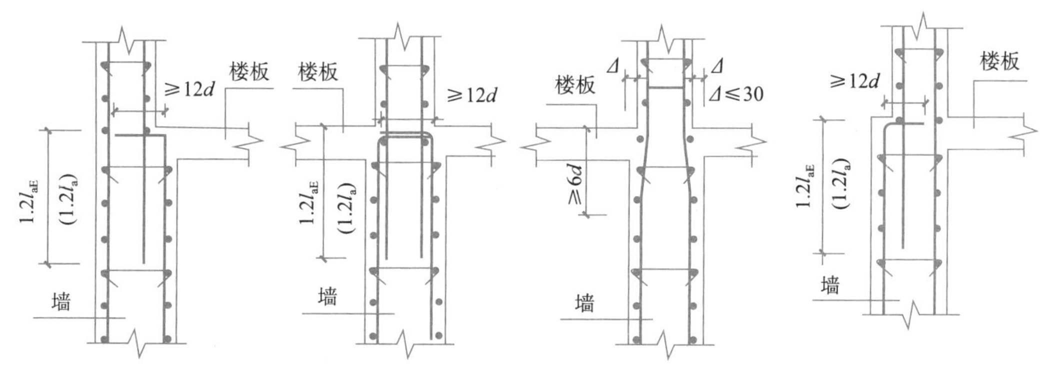

图 5-19　墙身变截面处竖向分布钢筋构造

4）剪力墙竖向钢筋顶部构造

剪力墙竖向钢筋顶部构造如图 5-20 所示，与框架柱柱顶纵筋构造相似。

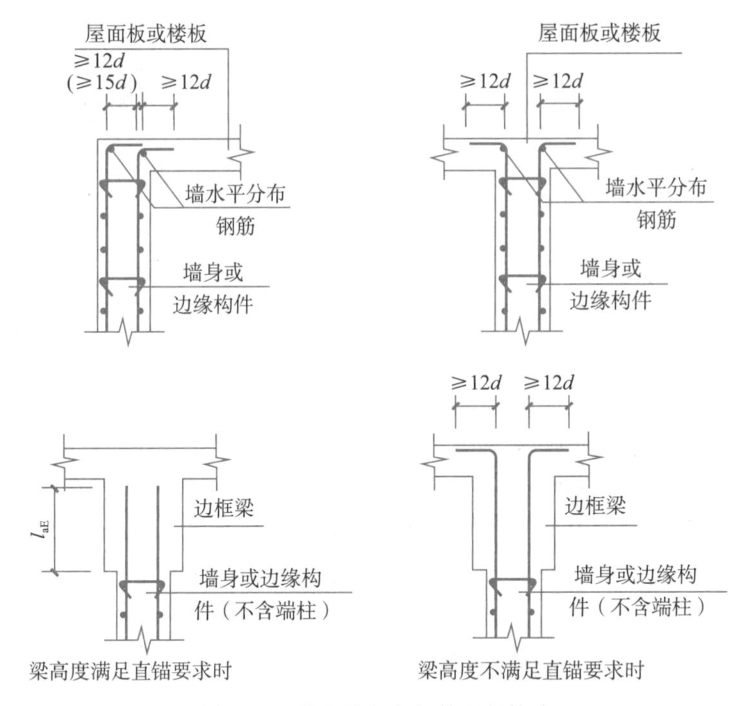

图 5-20　剪力墙竖向钢筋顶部构造

5.3.2　剪力墙柱构造

剪力墙端柱和小墙肢(矩形截面独立墙肢的截面高度不大于截面厚度的 4 倍)的竖向钢筋、箍筋及插筋构造与框架柱相同。

暗柱(包括转角墙、翼墙)可理解为剪力墙两端的加强部位，因此其纵筋构造与墙身竖向分布筋相似。

竖向钢筋构造连接参见 22G101-1 第 77 页、第 82 页，这里不再赘述。

5.3.3　剪力墙梁构造

连梁 LL 用于所有剪力墙中洞口位置，连接两片墙肢。当连梁的跨高比小于 5 时，竖向荷载作用下产生的弯矩所占的比例较小，水平荷载作用下产生的反弯使它对剪切变形十分敏感，容易出现剪切裂缝。当连梁的跨高比不小于 5 时，竖向荷载作用下的弯矩所占比例较大，在剪力墙上由于开洞而形成上部的梁，全部标注为连梁(LLK)，不应标注为框架梁(KL)。

(1) 连梁 LL 配筋构造，能直锚，不必弯锚。端部洞口连梁的纵向钢筋在端支座的直锚长度不小于 l_{aE}且不小于 600mm 时，可不必弯折。剪力墙的竖向钢筋连续贯穿边框梁和暗梁，如图 5-21 所示。

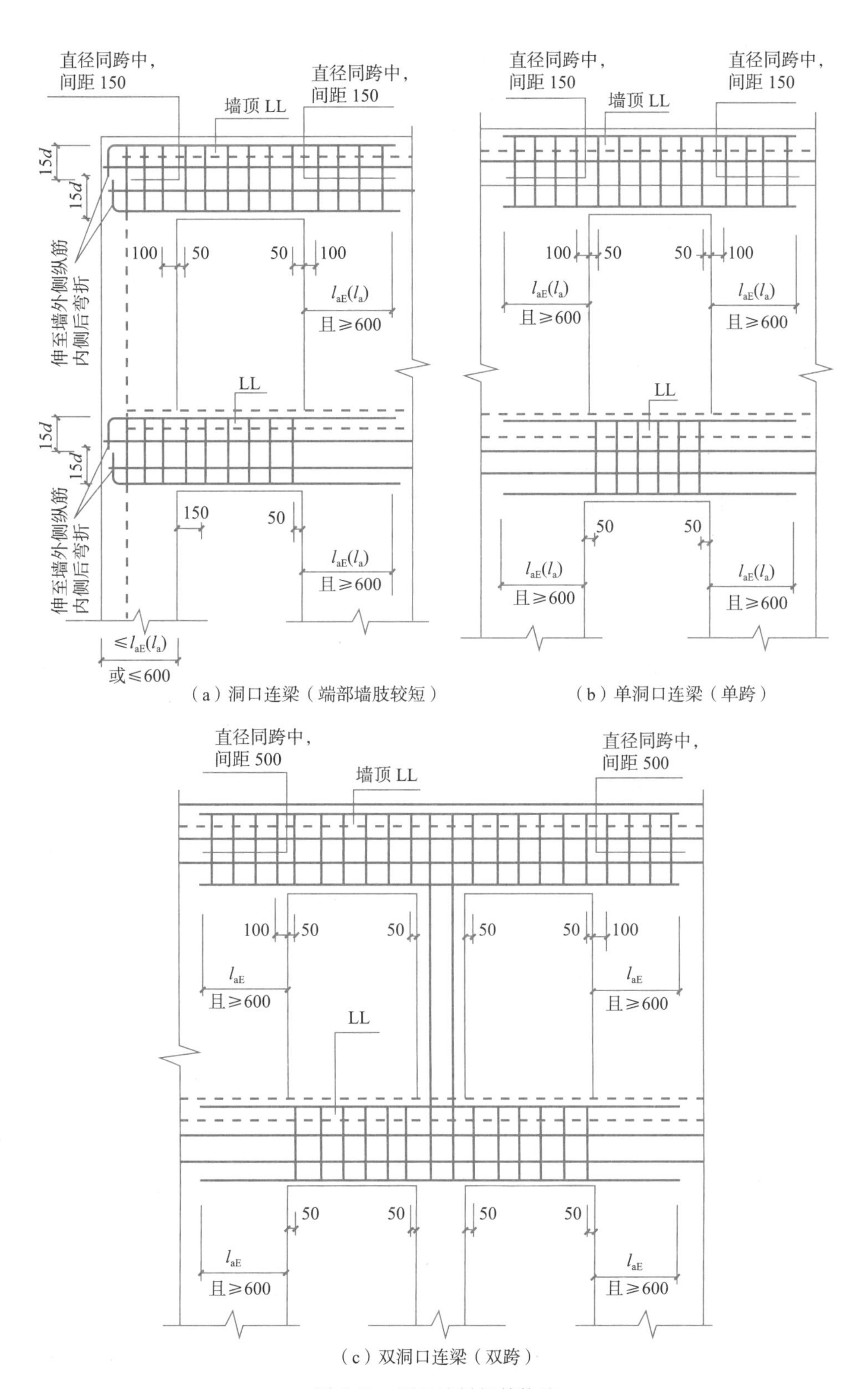

（a）洞口连梁（端部墙肢较短）（b）单洞口连梁（单跨）

（c）双洞口连梁（双跨）

图 5-21 洞口连梁钢筋构造

(2) 连梁 LL、暗梁 AL、边框梁 BKL 侧面纵筋与拉筋的构造，拉筋直径：当梁宽≤350mm 时为 6mm；当梁宽>350mm 时为 8mm。拉筋间距为 2 倍箍筋间距，竖向沿侧面水平筋隔一拉一。

小　结

本项目主要介绍剪力墙及墙内钢筋的分类、编号规则和截面尺寸的表达方式，详细讲解了剪力墙平法施工图的两种注写方式，即剪力墙平法施工图列表注写和截面注写方式。简单阐述了剪力墙不同部位钢筋的构造，涉及墙柱、墙身和墙梁的钢筋设置要求和连接、锚固的方式。

本项目继项目 2～项目 4 全面地讲解了柱、梁、板平法施工图之后，系统阐述了第二种重要的竖向承力构件——剪力墙及其平法施工图识读的方法。虽然涉及规范构造内容繁多，但随着认识理解的深入，读者能够对平法施工图的正确识读建立起完整而清晰的概念。

学习笔记

能力训练

1. 平法将剪力墙分为哪 3 种构件？

2. 墙柱、墙梁与框架柱、框架梁有什么区别？

3. 剪力墙构件有“一墙、二柱、三梁”的说法，具体含义是什么？

4. 约束边缘构件包括哪 4 种标准类型？构造边缘构件包括哪 4 种标准类型？

5. 如何理解端柱、暗柱、暗梁、连梁和边框梁？

6. 剪力墙内钢筋的详细分类是什么？

7. 剪力墙暗柱、暗梁、连梁、端柱和边框梁的保护层分别按什么要求取值？

8. 剪力墙平法施工图主要有哪两种注写方式？

9. 剪力墙柱、墙身表和墙梁表分别包含哪些内容？

10. 剪力墙截面注写方式施工图包含哪些内容？

项目 6 基础平法施工图识读

教学目标

1. 熟悉基础类型与基础构造要求。
2. 熟悉独立基础的平法制图规则和标准配筋构造。
3. 熟悉筏板基础的平法制图规则和标准配筋构造。

任务驱动

图 6-1 所示为阶形普通独立基础的平法施工图平面注写方式示例。通过以往所学知识和对本项目的学习，读者应能够了解图中所表达的图形语言及平面注写的数字和符号的含义，最终达到识读独立基础平法施工图的目的。

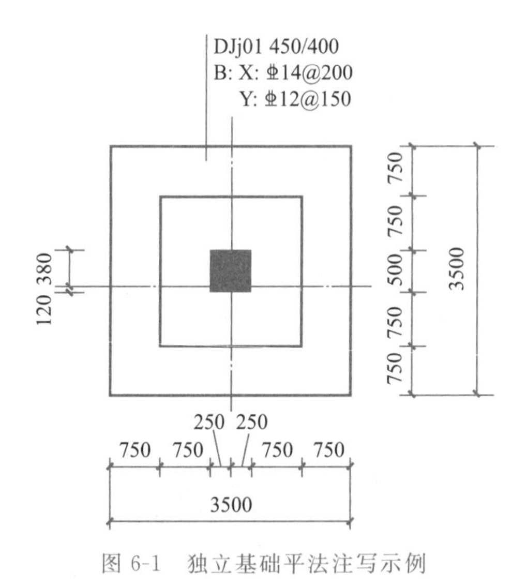

图 6-1 独立基础平法注写示例

任务 6.1 认识基础及基础构造

通过基础类型构造能够指导我们看懂建筑工程设计中基础结构。通过本任务的学习，认识砌筑类基础及现浇混凝土的独立基础、条形基础、筏形基础及桩基础的构造形式等。

研究基础的类型是为了经济合理地选择基础的形式和材料，确定其构造。对于民用建筑的基础，可以按材料和构造形式进行分类。

1. 按材料分类

按基础材料不同可分为砖基础、灰土基础与三合土基础、毛石基础、混凝土基础、毛石混凝土基础、钢筋混凝土基础等。

1）砖基础

砖基础（如图 6-2 所示）主要材料为实心砖，多用于地基土质好、地下水位较低、五层以下的砖混结构建筑中。

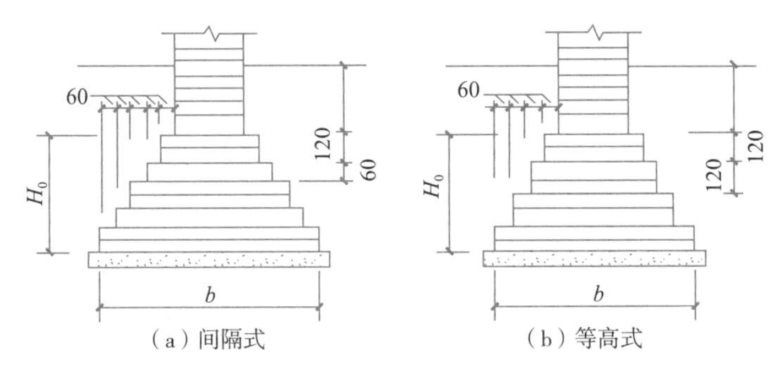

图 6-2　砖基础

2）灰土基础与三合土基础

在地下水位比较低的地区，常在砖基础下做灰土垫层，该灰土层的厚度不小于 100mm。由于灰土垫层按基础计算，故称灰土基础（如图 6-3）。

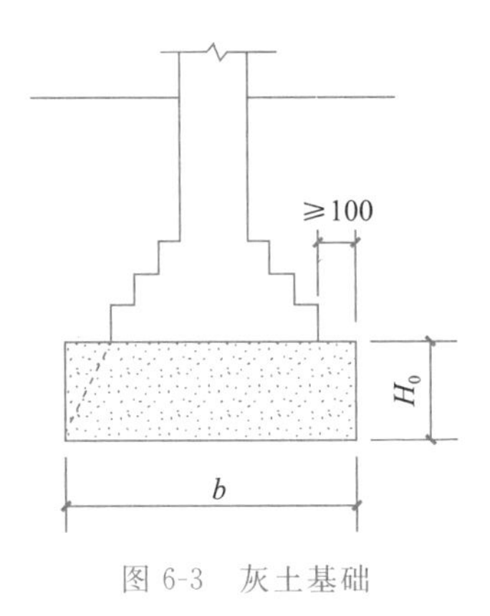

图 6-3　灰土基础

灰土基础是由粉状石灰与黏土加适量水拌和夯实而成。石灰与黏土的体积比为 3∶7 或 2∶8，灰土每层均虚铺厚度为 220mm，夯实后厚度为 150mm 左右。

三合土基础由石灰、砂、集料（碎砖、碎石或矿渣），按体积比 1∶3∶6 或 1∶2∶4 加水拌和夯实而成。通常其总厚度不小于 300mm，宽度不小于 600mm。三合土基础适用于四层以下建筑。

3）毛石基础

毛石基础由未经加工的石材和砂浆砌筑而成，用于地下水位较高、冻结深度较深的低层和多层民用建筑中。如图 6-4 所示，其剖面形式多呈阶形。基础的顶面要比墙或柱每边宽出 100mm，基础的宽度、每个台阶的高度均不宜小于 400mm；每个台阶挑出的宽度不应大于 200mm。

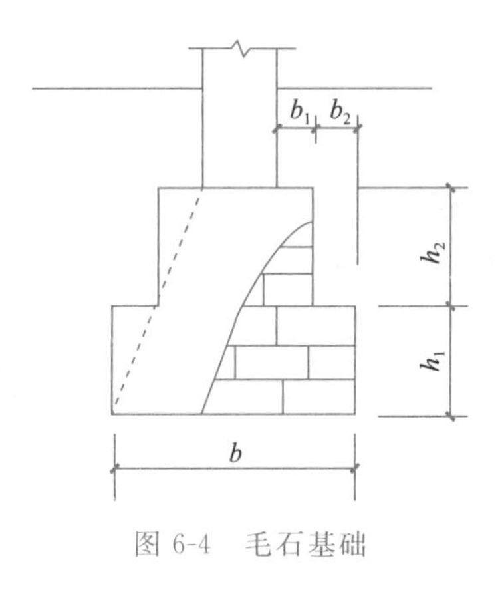

图 6-4 毛石基础

4）混凝土基础

混凝土基础的断面可以做成矩形、锥形（图 6-5（a））和阶形（图 6-5（b））。当基础宽度小于 350mm 时，多做成矩形；当基础宽度大于 350mm 时，多做成阶梯形。

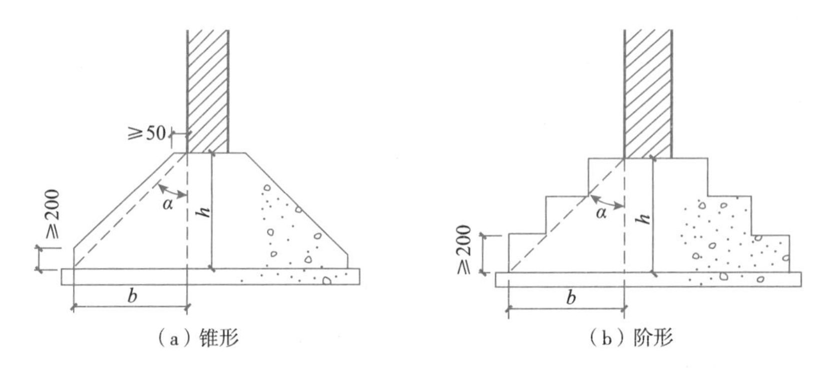

图 6-5 混凝土基础

5）毛石混凝土基础

在混凝土中加入粒径不超过 300mm 的毛石，这种混凝土称为毛石混凝土。采用毛石混凝土为材料的称为毛石混凝土基础。

6）钢筋混凝土基础

当建筑物的荷载较大，而地基承载能力较小时，基础底面必须加宽，如果仍采用混凝土材料做基础，由于刚性角的影响，势必加大基础的深度，这样做很不经济。如果在混凝土基础的底部配以钢筋，利用钢筋来承受拉应力，使基础底部能够承受较大的弯矩，称为钢筋混凝土基础（图 6-6）。

2. 按基础形式分类

1）独立基础

当建筑物上部结构采用框架结构或单层排架结构承重时，基础常采用方形或矩形的独立式基础，此种基础是柱下基础的基本形式（图 6-7）。

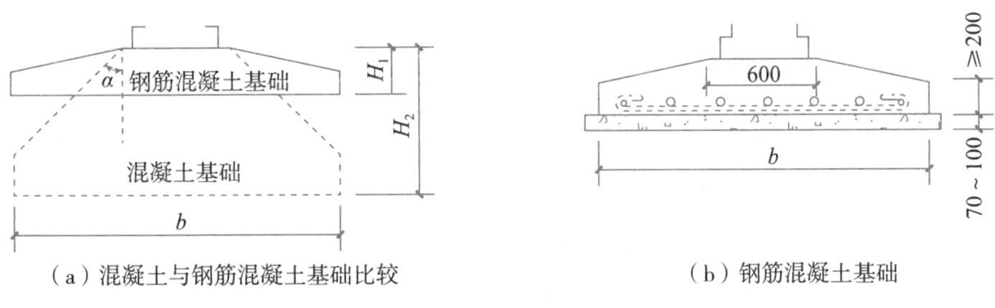

（a）混凝土与钢筋混凝土基础比较　　（b）钢筋混凝土基础

图 6-6　钢筋混凝土基础

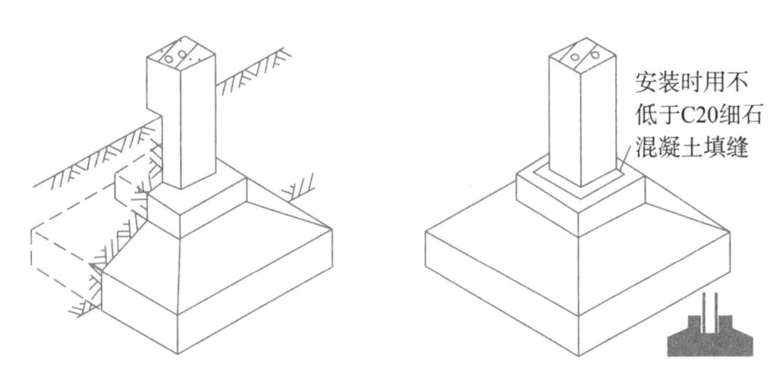

图 6-7　独立基础

当柱采用预制构件时，则基础做成杯口形，然后将柱子插入并嵌固在杯口内，故称为杯形基础。

2）条形基础

当建筑物上部结构采用墙承重时，基础沿墙身设置，多做成长条形，这类基础称为条形基础或带形基础（图 6-8），是墙承式建筑基础的基本形式。

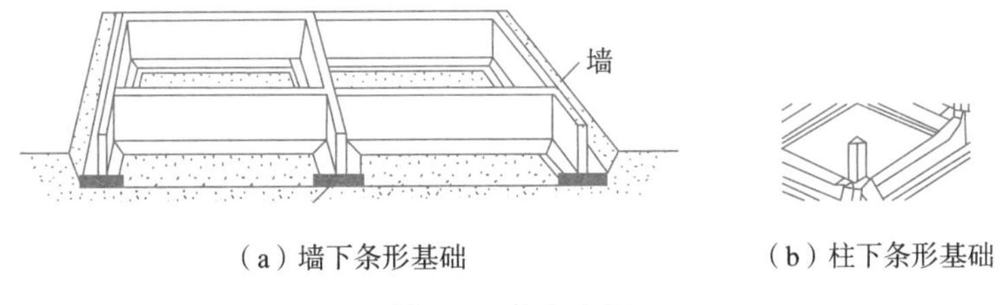

（a）墙下条形基础　　（b）柱下条形基础

图 6-8　条形基础

3）井格式基础

若地基条件较差，为了提高建筑物的整体性，防止各柱之间产生不均匀沉降，常将柱下基础沿纵横两个方向扩展连接起来，做成十字交叉的井式基础（图 6-9）。

4）片筏式基础

当建筑物上部荷载较大，而地基较弱时，采用简单的条形基础或井格基础已不能适应地基变形的需要，通常将墙或柱下基础连成一片，使建筑物的荷载由一块整板承受，称为片筏式基础。片筏式基础有梁板式和平板式两种，如图 6-10 所示。

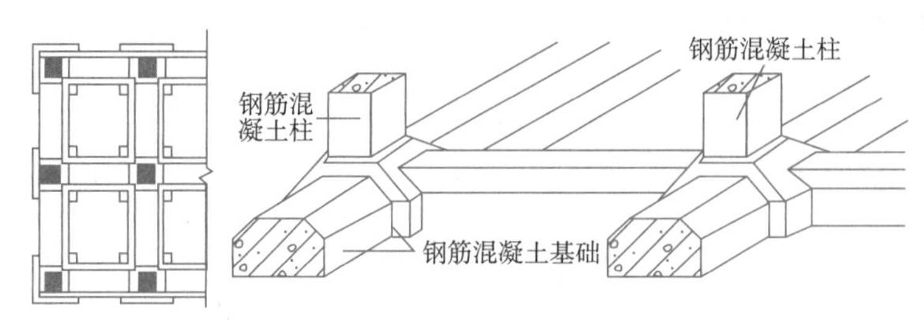

图 6-9　井格式基础

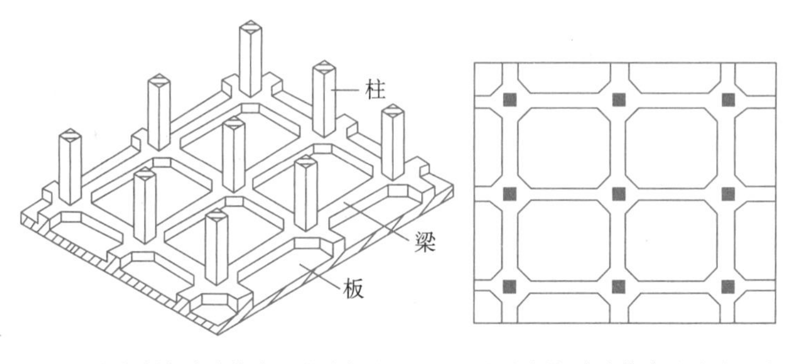

（a）梁板式片筏式基础示意图　　（b）梁板式片筏式基础平面图

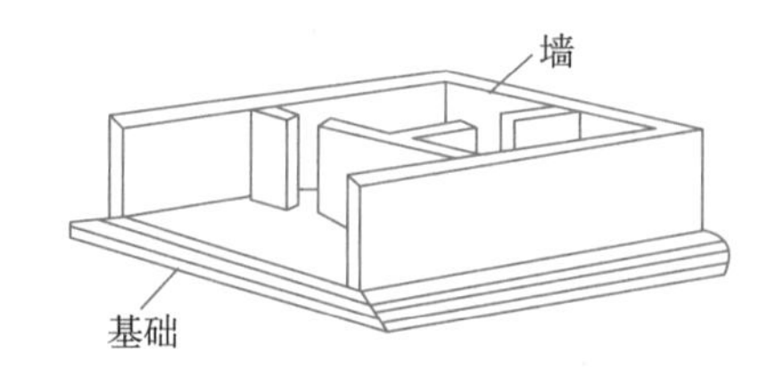

（c）平板式片筏式基础

图 6-10　片筏式基础

5）箱形基础

当平板式基础做得很深时，常将基础改做成箱形基础（图 6-11）。箱形基础是由钢筋混凝土底板、顶板和若干纵、横隔墙组成的整体结构，基础的中空部分可用作地下室（单层或多层的）或地下停车库。箱形基础整体空间刚度大、整体性强，能抵抗地基的不均匀沉降，较适用于高层建筑或在软弱地基上建造的重型建筑物。

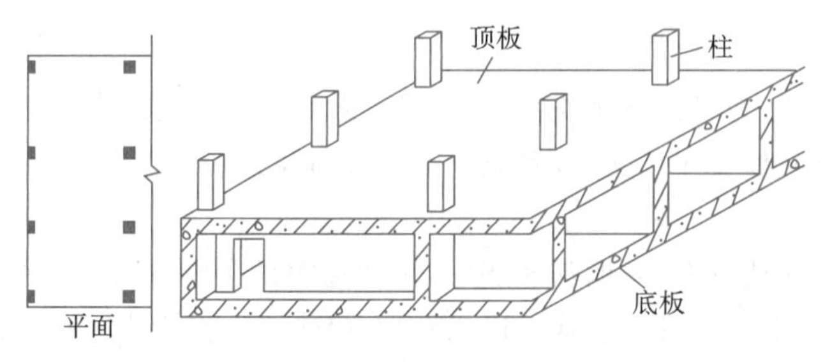

图 6-11　箱形基础

6）桩基础

桩基础示意如图 6-12 所示。

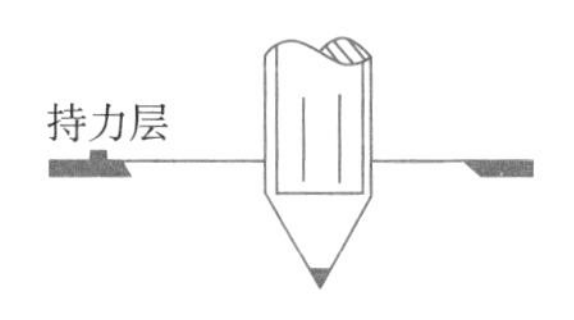

图 6-12　桩基础示意

(1) 桩的分类有以下几种方法。

桩按承载性状可分为摩擦型桩和端承型桩。摩擦型桩即桩顶荷载全部侧阻力承受;端承型桩即桩顶荷载全部或主要由桩端阻力承受。

桩按使用功能可分为竖向抗压桩、竖向抗拔桩、水平受荷桩、复合受荷桩。

桩按桩身材料可分为混凝土桩、钢桩、组合材料桩。

(2) 桩的工艺特点与构造如下。

预制桩截面常设计成方形或圆形的实心断面,也有圆柱体的空心截面。接桩方法有钢板焊接桩、法兰接桩及硫黄胶泥锚接桩。

沉管灌注桩是将带有活瓣桩尖或预制混凝土桩尖的钢管沉入(锤击、振动、静压、振动加压)土中,向管中灌注混凝土,以边振动边拔管成桩的质量较好。

钻孔灌注桩是利用各种钻孔机具钻孔,清除孔内泥土后再向孔内灌注混凝土,施工时可采用钢套管或泥浆护壁,防止孔壁坍落。钻孔灌注桩桩径较大,一般为 600～1600mm。

钻孔扩底灌注桩是用钻机钻孔后,再通过钻杆底部装置的扩刀将孔底再扩大,扩底后的直径不宜大于 3 倍桩身直径。

任务 6.2　识读独立基础平法施工图

基础平法识图规则能够指导我们看懂独立基础平法图纸上钢筋构造之外的其他内容。

独立基础平法施工图有平面注写、截面注写和列表注写 3 种表达方式,设计者可根据具体工程情况选择一种或几种方式相结合进行独立基础的施工图设计。

绘制独立基础平面布置图时,应将独立基础平面与基础所支承的柱一起绘制。当设置基础联系梁时,可根据图面的疏密情况,将基础联系梁与基础平面布置图一起绘制,或将基础联系梁布置图单独绘制。

6.2.1　独立基础的平法编号和竖向尺寸表达

1. 独立基础的平法编号

平法根据外形不同将独立基础分成普通和杯口两类,每一类又细分为阶形和锥形。其对应编号和示意图见表 6-1 和表 6-2。

表 6-1　独立基础编号

类　型	基础底板截面形状	代号	序号
普通独立基础	阶形	DJj	××
	锥形	DJz	××
杯口独立基础	阶形	BJj	××
	锥形	BJz	××

表 6-2　各种编号的独立基础对应示意图

DJj	DJz	BJj	BJz
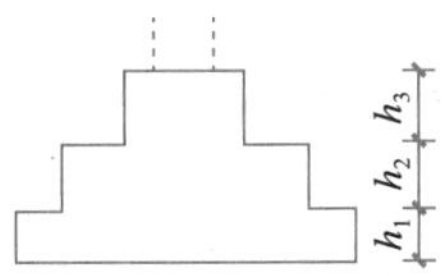 h_1, h_2, h_3	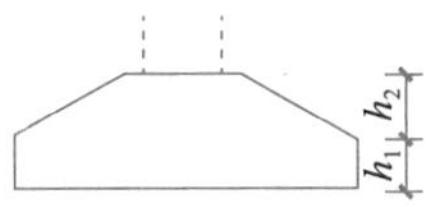 h_1, h_2	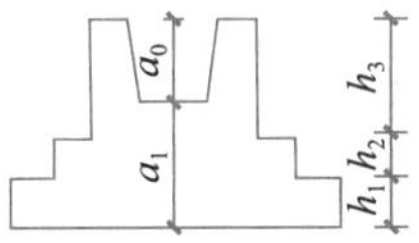 a_0, a_1, h_1, h_2, h_3	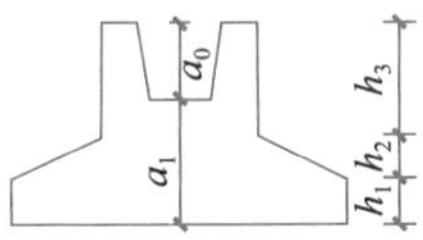 a_0, a_1, h_1, h_2, h_3

例如，DJj4 表示 4 号阶形普通独立基础，BJz2 表示 2 号杯口坡形独立基础。杯口独立基础与预制柱配套，一般用于工业厂房；普通独立基础与现浇柱配套，是民用建筑常用的基础类型。至于阶形和坡形，设计师可任选其中一种。

2. 独立基础的竖向尺寸表达

普通独立基础的竖向尺寸注写只有一组，如 $h_1/h_2/h_3/$……；杯口独立基础的竖向尺寸标注有两组，一组表达杯口内（自上而下注写），另一组表达杯口外（自下而上注写），两组尺寸间以“,”分隔，注写为 a_0/a_1，$h_1/h_2/h_3/$……其中 a_0 为杯口深度。

【例 6-1】 当阶形截面普通独立基础 DJj4 的竖向尺寸注写为 300/300/300 时，表示 $h_1=300$mm、$h_2=300$mm、$h_3=300$mm，基础底板总厚度为 $h_1+h_2+h_3=900$(mm)。

【例 6-2】 当锥形截面普通独立基础 DJz3 的竖向尺寸注写为 450/300 时，表示 $h_1=450$mm、$h_2=300$mm，基础底板总厚度为 $h_1+h_2=750$(mm)。

【例 6-3】 当锥形截面杯口独立基础 BJz6 的竖向尺寸注写为 300/400，300/200/200 时，表示 $a_0=300$mm、$a_1=400$mm，$h_1=300$mm、$h_2=200$mm、$h_3=200$mm。

6.2.2 独立基础的平面注写方式

独立基础平法施工图有平面注写和截面注写两种表达方式。工程中主要采用平面注写方式。

绘制独立基础平面布置图时，应将独立基础平面与柱一起绘制。基础平面图上应标注基础定位尺寸；当柱中心与建筑轴线不重合时，应标注偏心尺寸。编号相同且定位尺寸相同的基础，可仅选择一个进行标注。

独立基础的平面注写方式是指直接在独立基础平面布置图上进行竖向尺寸、底板配筋等数据项目的注写，可分为集中标注和原位标注，如图 6-13 所示。

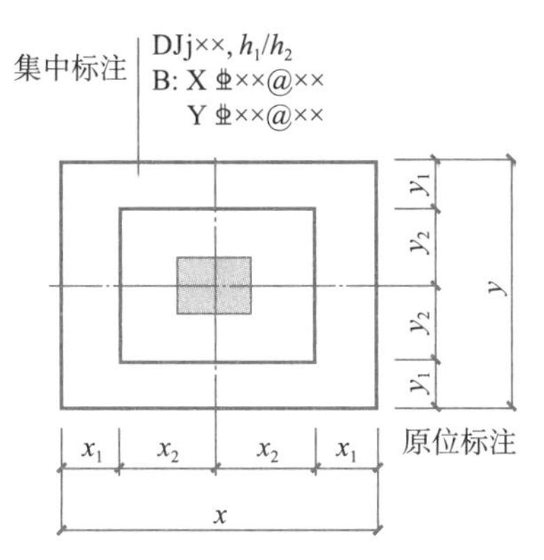

图 6-13 独立基础平面注写方式

1. 独立基础的集中标注内容

集中标注是在基础平面图上集中引注基础编号、截面竖向尺寸、配筋三项必注内容，以及基础底面标高（与基础底面基准标高不同时）和必要的文字注解两项选注内容。图 6-14 所示为集中标注内容，其含义如下。

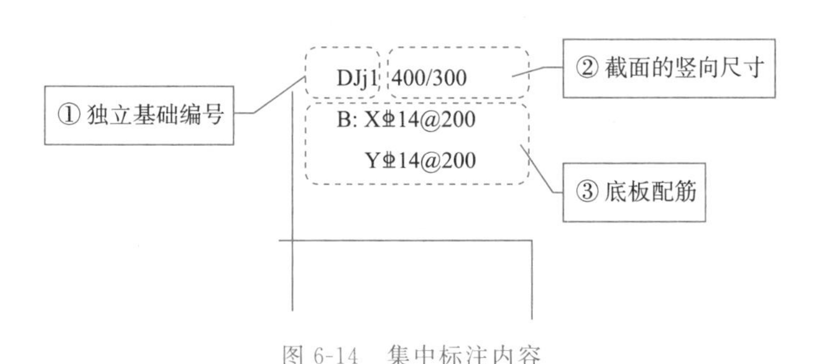

图 6-14 集中标注内容

第一项注写独立基础的编号，此项为必注值，见表 6-1。例如，图 6-2 中的编号“DJj1”表示 1 号阶形普通独立基础。

第二项注写独立基础截面的竖向尺寸，此项为必注值，见表 6-2。例如，图 6-13 中的第二项“400/300”表示该独立基础的截面竖向尺寸 $h_1=400\text{mm}$、$h_2=300\text{mm}$，基础底板总厚度为 700mm。

第三项注写独立基础的底板配筋，此项为必注值。

普通和杯口独立基础的底板双向配筋注写规定如下。

(1) 以 B 代表各种独立基础底板的底部配筋。

(2) X 向配筋以 X 打头、Y 向配筋以 Y 打头注写；当两向配筋相同时，则以 X&Y 打头注写。

【例 6-4】 独立基础底板配筋注写为“B:X⌀14@200，Y⌀16@150”，表示基础底板底部配置 HRB400 级钢筋，X 向直径为 ⌀14，分布间距为 200mm；Y 向直径为 ⌀16，分布间距为 150mm，如图 6-15 所示。

例如，如图 6-14 中的第三项“B:X⌀14@200，Y⌀14@200”，表示独立基础 DJj1 底板的底部配筋 X 向直径为 ⌀14，分布间距为 200mm；Y 向配筋与 X 向相同。

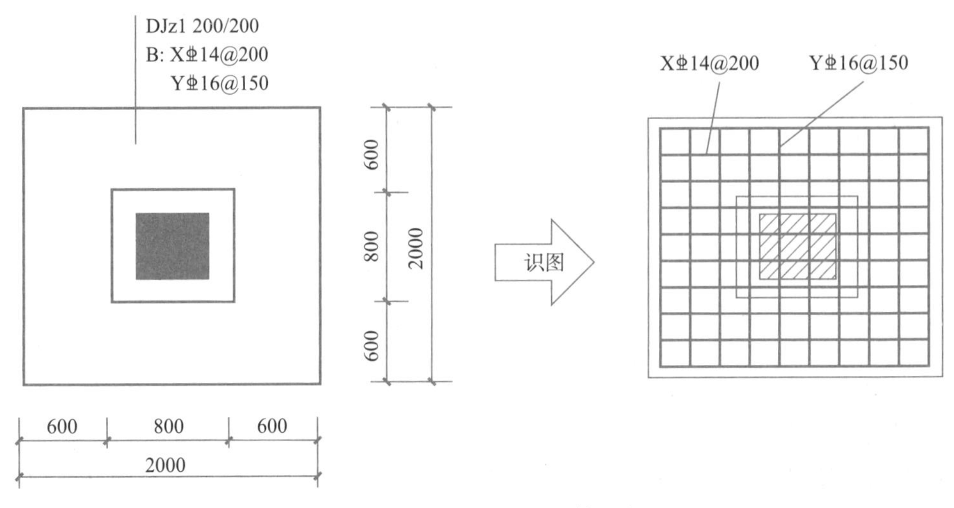

图 6-15 独立基础双向配筋示意

第四项注写基础底面标高，此项为选注值。当独立基础的底面标高与基础底面基准标高不同时，应将独立基础底面标高直接注写在括号内。

第五项注写必要的文字注解，此项为选注值。当独立基础的设计有特殊要求时，宜增加必要的文字注解。

例如，图 6-14 的集中标注中没有第四项和第五项内容，因此选择不用注写。

2. 独立基础的原位标注

原位标注是在基础平面布置图上标注独立基础的平面尺寸，如图 6-13 所示。普通独立基础采用平面注写方式的集中标注和原位标注综合设计表达示例，如图 6-13 和图 6-14 所示。

3. 多柱独立基础

独立基础通常为单柱独立基础，也可为多柱独立基础（双柱或四柱等）。多柱独立基础的编号、几何尺寸和配筋的标注方法与单柱独立基础相同。

当为双柱独立基础且柱距较小时，通常与单柱独立基础一样仅配置基础底部钢筋即可；当柱距较大时，除了基础底部配筋外；还需要在两柱间配置基础顶部钢筋或者设置基础梁；当为四柱独立基础时，通常可设置两道平行的基础梁，需要时可在两道基础梁之间配置基础顶部钢筋。

多柱独立基础顶部配筋和基础梁配筋的注写方法规定如下。

（1）注写无基础梁的双柱独立基础底板顶部配筋

无基础梁的双柱独立基础底板的顶部配筋，通常对称分布在双柱中心线两侧，注写为：双柱间纵向受力钢筋/分布钢筋。

【例 6-5】 某无基础梁的双柱独立基础配筋注写为“T：11⌀18@100/φ10@200”，表示以 T 打头的独立基础底板的顶部配筋配置 HRB400 级纵向受力钢筋，直径为 ⌀18，设置 11 根，间距为 100mm；分布筋为 HPB300 级钢筋，直径为 φ10，分布间距为 200mm，如图 6-16 所示。

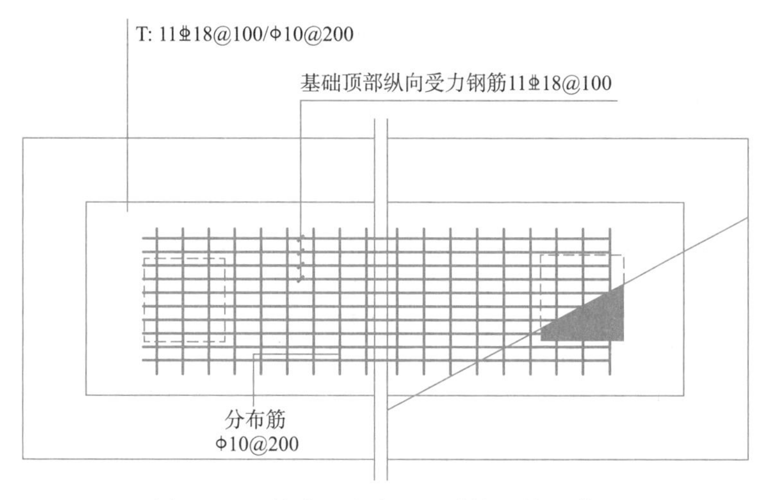

图 6-16　双柱独立基础(无基础梁)顶部配筋图

(2) 注写双柱独立基础的基础梁配筋

当双柱独立基础设置基础梁时，不需要在基础底板的顶部设置钢筋，但需要对基础梁进行平面注写。基础梁的平面注写分为集中标注和原位标注，如图 6-17 所示。基础梁集中标注和原位标注的各项内容含义与框架梁相同，此处不再赘述。

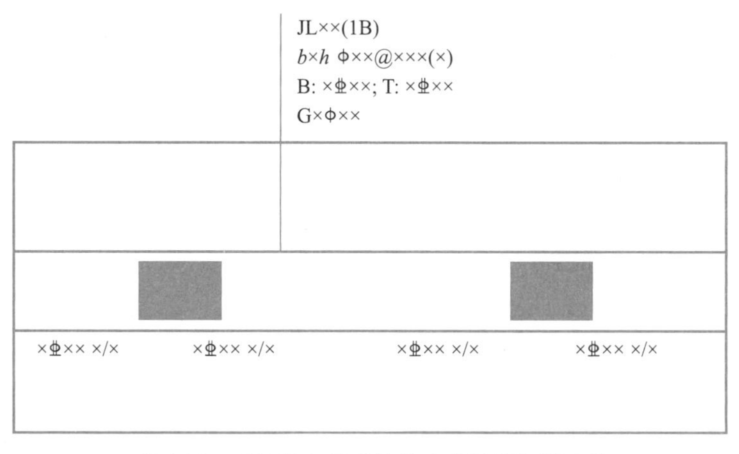

图 6-17　双柱独立基础的基础梁配筋注写示意

双柱独立基础的底板配筋与单柱独立基础底板配筋的注写相同。

(3) 注写配置两道基础梁的四柱独立基础底板的顶部配筋

当四柱独立基础已设置两道平行的基础梁时，根据内力需要可在双梁之间及梁的长度范围内配置基础顶部钢筋，注写为：梁间受力钢筋/分布钢筋。

【例 6-6】　某四柱独立基础的配筋注写为"T：Φ16@120/Φ10@200"，表示在四柱独立基础顶部两道基础梁之间配置 HRB400 级受力钢筋，直径为 Φ16，间距为 120mm；分布筋为 HPB300 级钢筋，直径为 Φ10，分布间距为 200mm，如图 6-18 所示。

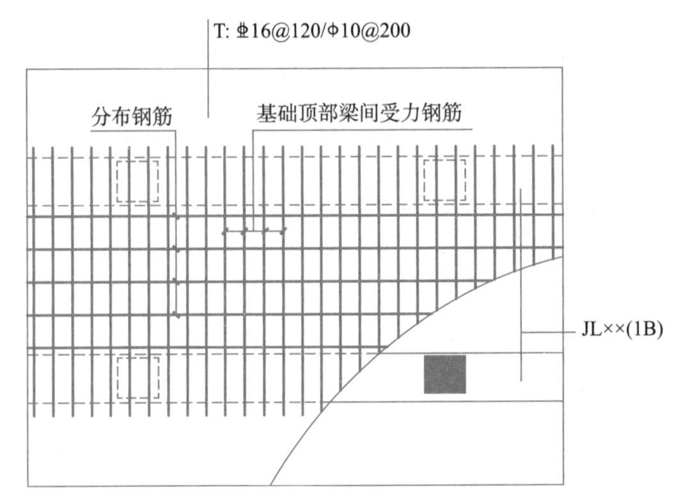

图 6-18　四柱独立基础(设置两道基础梁)顶部配筋示意图

6.2.3　独立基础标准配筋构造解读

独立基础底板钢筋构造分为一般构造和长度减短 10%构造。

1. 独立基础底板配筋一般构造

独立基础底板配筋必须配置双向钢筋网,如图 6-19 所示。图 6-19 的解读如下。

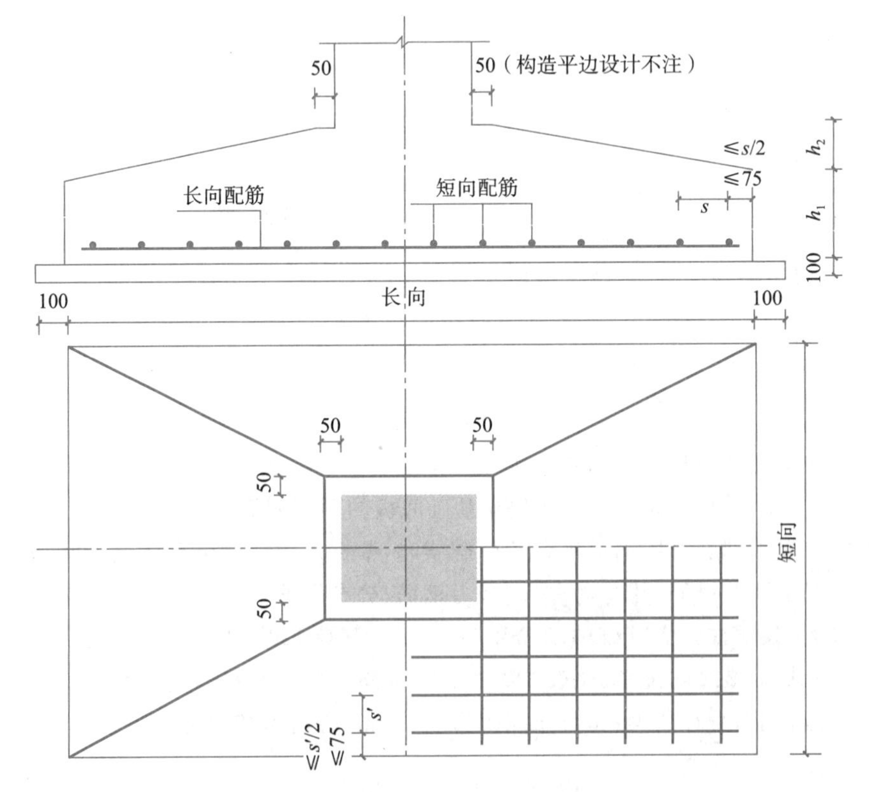

图 6-19　独立基础底板双向配筋

(1) 独立基础底板双向钢筋长向钢筋在下、短向钢筋在上。这与前面学过的双向楼面板钢筋摆放正好相反,这是因为楼板的荷载方向朝下,而基础底板承受的地基反力方向朝上。

(2) 基础底板最外侧第一根钢筋距边缘的距离为不大于 75mm 且不大于 $s/2$(s 为同向钢筋的间距),即取 min(75,$s/2$)。

2. 独立基础底板配筋长度减短 10%构造

当独立基础底板边长≥2500mm 时,采用钢筋长度减短 10%构造,如图 6-20 所示。图 6-20 的解读如下。

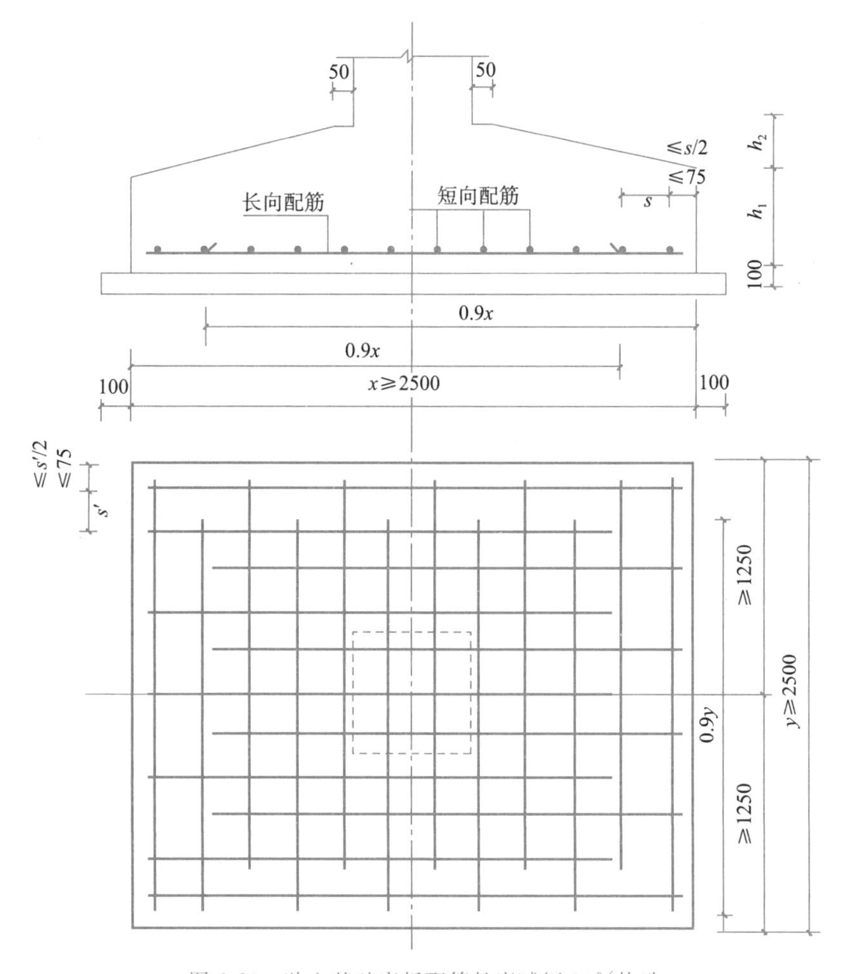

图 6-20 独立基础底板配筋长度减短 10%构造

(1) 四周最外侧的四根钢筋不减短,其内侧所有钢筋的长度可取相应方向底板边长的 0.9 倍。

(2) 图 6-19 的两条解读同样适用于本图。

3. 双柱普通独立基础顶面和底面钢筋排布构造

双柱普通独立基础顶面和底面钢筋排布构造如图 6-21 所示。

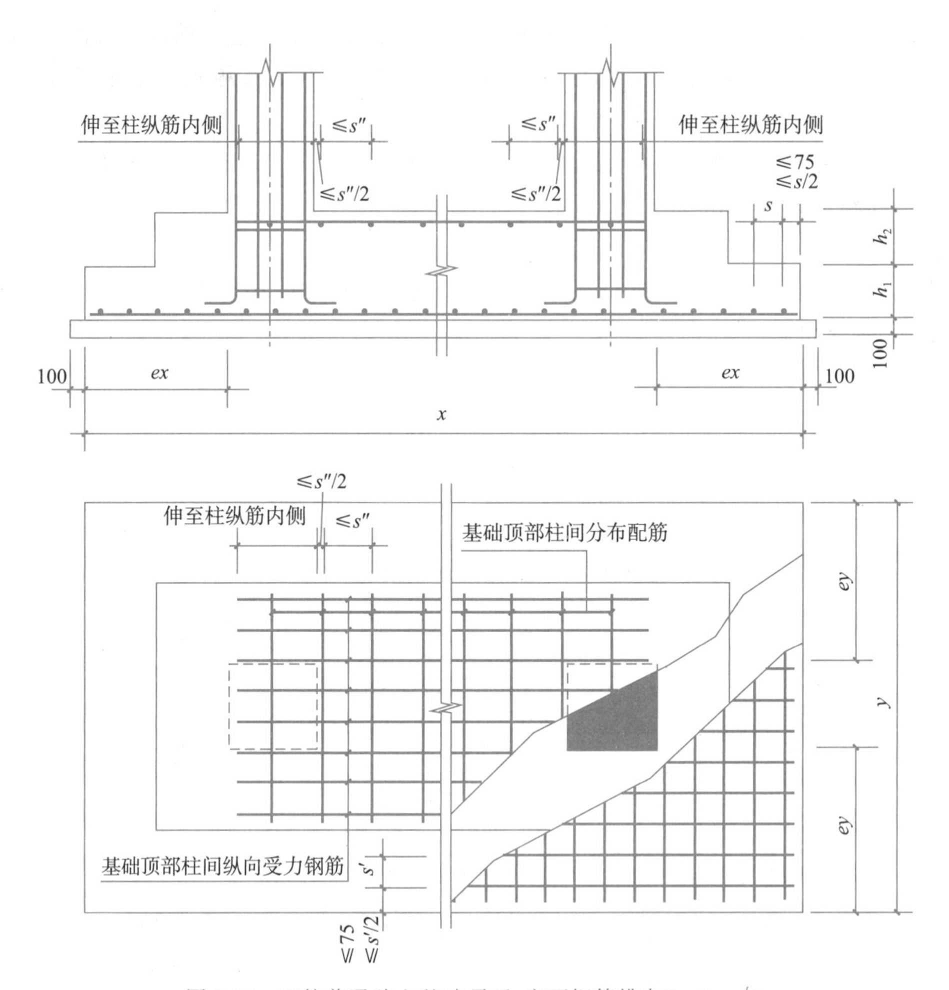

图 6-21 双柱普通独立基础顶面、底面钢筋排布(ex>ex′)

图 6-21 的解读如下。

(1) 基础的几何尺寸和配筋见具体施工图中的标注。

(2) 基础底板下部双向交叉钢筋的上下排序是根据图中 ex 和 ex′的大小确定,较大者方向的钢筋设置在下,较小者方向的钢筋设置在上。

(3) 双柱普通独立基础顶面设置的纵向受力钢筋,其分布钢筋宜设置在受力纵筋之下。

(4) 基础底板最外侧第一根钢筋距边缘的距离为不大于 75mm 且不大于 $s/2$(s 为同向钢筋的间距),即取 min(75,$s/2$)。

4. 设置基础梁的双柱普通独立基础钢筋排布构造

设置基础梁的双柱普通独立基础钢筋排布构造如图 6-22 所示。

图 6-22 的解读如下。

(1) 双柱独立基础底板短向钢筋为受力钢筋,其设置在基础梁纵筋之下,与基础梁箍筋的下水平边位于同一个层面。

(2) 基础梁宜比柱宽不小于 100mm。基础梁宽度小于柱宽时,需增设梁包柱侧腋。

(3) 基础底板最外侧第一根钢筋距边缘的距离不大于 75mm 且不大于 $s/2$(s 为同向钢筋的间距),即取 min(75,$s/2$)。

(4) 基础梁上、下部纵筋的弯钩长度均为 $12d$。

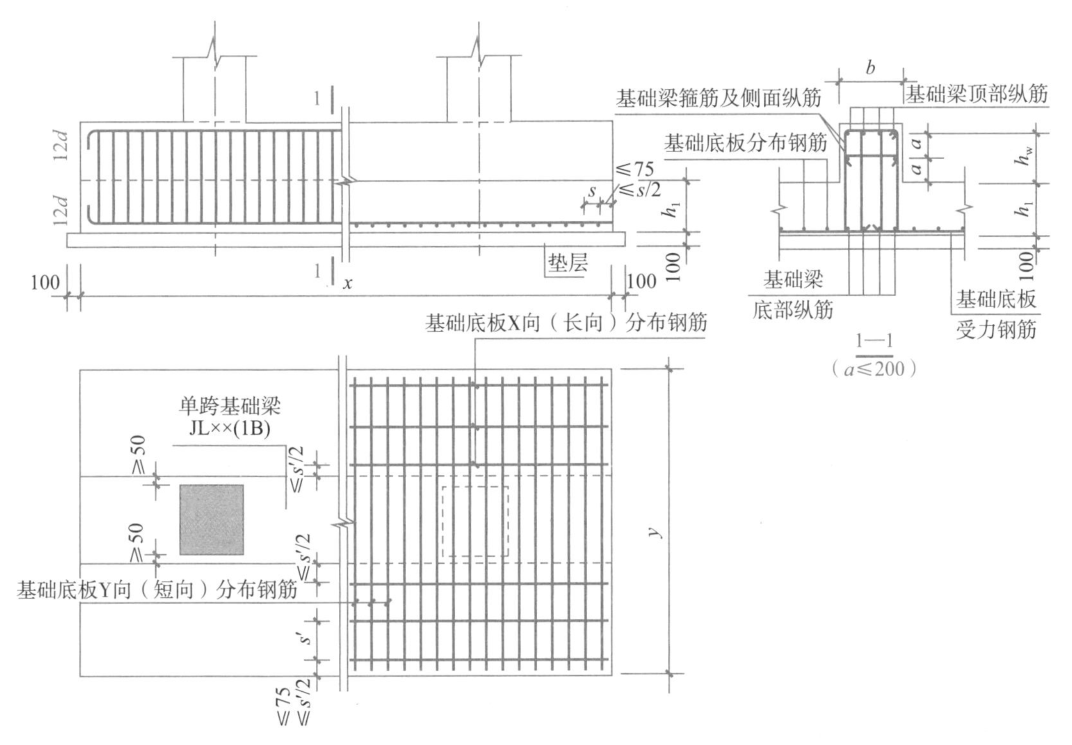

图 6-22 设置基础梁的双柱普通独立基础钢筋排布构造

任务 6.3 识读筏形基础平法施工图

筏形基础一般用于高层建筑框架结构或剪力墙结构,可分为梁板式筏形基础和平板式筏形基础。本书只介绍梁板式筏形基础,平板式筏形基础见图集 22G101-3 的相关内容。

6.3.1 梁板式筏形基础平法识图规则

1. 梁板式筏形基础构件的平法编号

梁板式筏形基础有基础主梁、基础次梁和基础平板等构件,其平法编号见表 6-3。梁板式筏形基础如同倒置的梁板式楼盖结构,因为它们承受的荷载方向正好是相反的。因此,可以把前面讲过的楼面梁和楼面板的钢筋上下倒过来考虑,这样基础梁和基础平板的钢筋构造就很可以容易地理解和记忆了。

表 6-3 梁板式筏板基础构件的编号

构件类型	代号	序号	跨数及有无外伸
基础主梁(柱下)	JL	××	(××)或(××A)或(××B)
基础主次梁	JCL	××	(××)或(××A)或(××B)
梁板式基础平板	LPB	××	

注:(××A)为一端有外伸,(××B)为两端有外伸,外伸不计入跨数。

2. 基础主梁和基础次梁的平面注写方式

基础主梁 JL 和基础次梁 JCL 的平面注写包括集中标注与原位标注两部分内容,如图 6-23 所示,可与项目 3 梁的集中标注与原位标注对比学习。

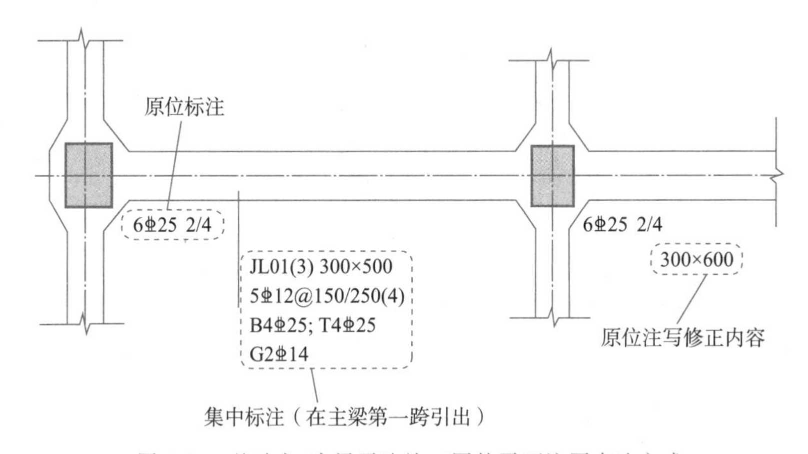

图 6-23 基础主、次梁平法施工图的平面注写表达方式

1) 基础主、次梁的集中标注

基础主、次梁的集中标注包括基础梁编号、截面尺寸和配筋三项必注内容,以及基础梁底面标高高差(相对于筏形基础平板底面标高)一项选注内容,如图 6-23 和图 6-24 所示。

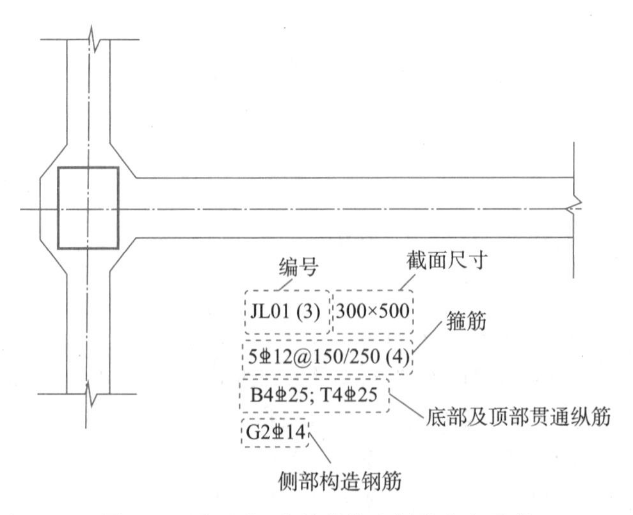

图 6-24 基础主、次梁的集中标注内容示意

集中标注内容的具体规定如下。

(1) 注写基础梁的编号:该项为必注值,见表 6-3。编号举例见表 6-4。

表 6-4 基础主、次梁编号举例

编 号	识 图
JL01(2)	基础主梁 01,2 跨,端部无外伸
JL02(4A)	基础主梁 02,4 跨,一端有外伸
JL03(6)	基础主梁 03,6 跨,端部无外伸
JL05(3B)	基础主梁 05,3 跨,两端有外伸

(2) 注写基础梁的截面尺寸:该项为必注值。以 $b \times h$ 表示梁截面宽度与高度;当竖向加腋时,用 $b \times h$ GYc1×c2 表示,其中 c1 为腋长,c2 为腋高,分别如图 6-23 和图 6-24 所示。

(3) 注写基础梁的配筋:该项为必注值。

注写基础梁的箍筋可设置一种箍筋间距[如 Φ10@200(2)]和两种箍筋间距两种情况,见表 6-5。

表 6-5 箍筋在基础梁内的配筋示意

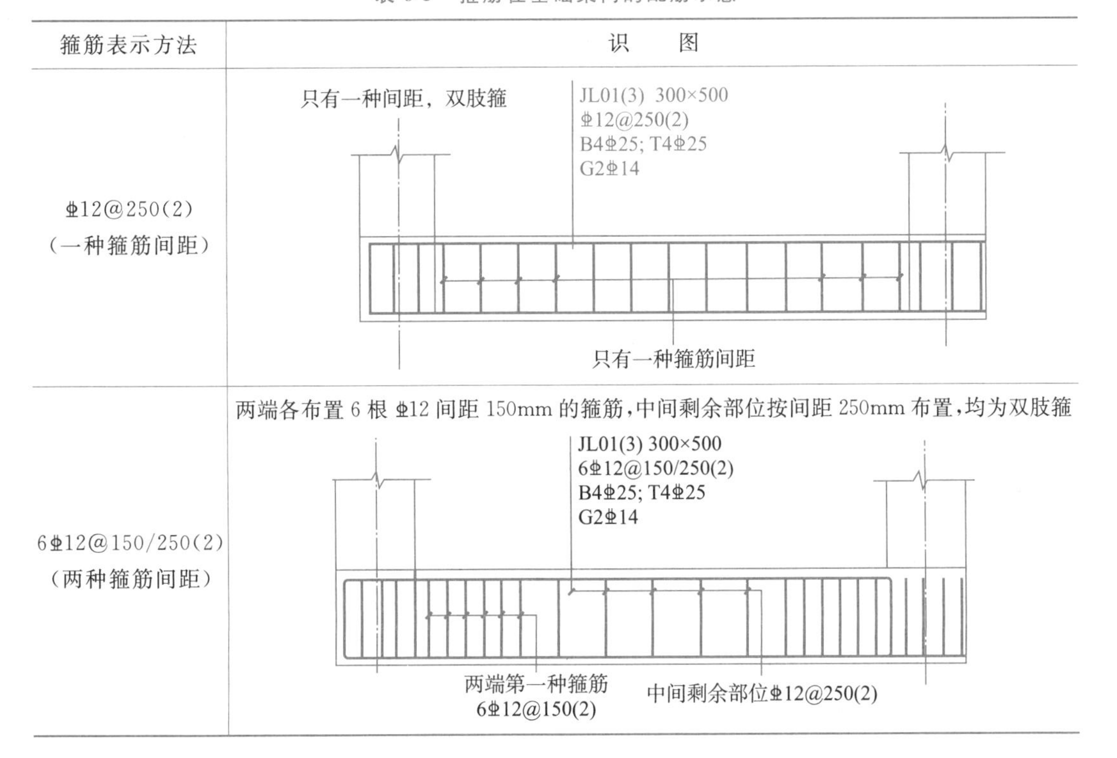

箍筋表示方法	识 图
Φ12@250(2) (一种箍筋间距)	
6Φ12@150/250(2) (两种箍筋间距)	

两向基础主梁相交的柱下区域,应有一向截面较高的基础主梁按梁端箍筋贯通设置;当两向基础主梁高度相同时,任选一向基础主梁箍筋贯通设置。

注写基础梁的底部、顶部贯通纵筋。以 B 打头,先注写梁底部贯通纵筋(楼面梁首先注写上部通长纵筋,基础梁首先注写下部贯通纵筋,正好相反),应不少于底部纵筋总面积的

1/3。当底部跨中所注根数少于箍筋肢数时，需要在底部跨中加设架立筋以固定箍筋，注写时，用“+”号将贯通纵筋和架立筋相联系，架立筋注写在加号后面的括号内。

以 T 开始，接续注写梁顶部贯通纵筋。注写时用分号“;”将底部和顶部贯通纵筋分隔开。

【例 6-7】 “B8⌀25 3/5;T5⌀30”表示基础梁底部配置 8⌀25 的贯通纵筋，顶部配置 5⌀30 的贯通纵筋。底部贯通纵筋分两排摆放，上一排纵筋为 3⌀28，下一排纵筋为 5⌀28。

注写基础梁的侧面纵筋。以大写字母 G 开始注写基础梁两侧面对称设置的纵向构造钢筋的总配筋值(当梁腹板高度不小于 450mm 时，根据需要配置)。

当需要配置抗扭纵筋时，梁两个侧面设置的抗扭纵向钢筋以 N 开始。

侧面构造纵筋的搭接和锚固长度可取 $15d$。侧面抗扭纵筋的锚固长度为 l_a，搭接长度为 l_l；其锚固方式同基础梁的上部纵筋。

(4) 注写基础梁底面标高高差(指相对于筏形基础平板底面标高的高差值)：该项为选注值。有高差时，需将高差写入括号内，如“高板位”与“中板位”基础梁的底面与基础平板底面标高的高差值；若无高差则不用注写，如“低板位”筏形基础的基础梁。图 6-25 所示为高板位、中板位和低板位基础梁与基础平板的位置示意，工程中常用的是低板位筏形基础。

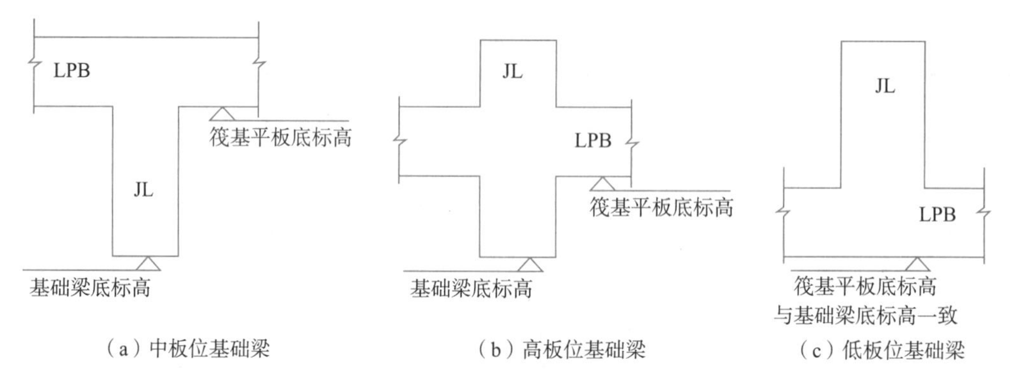

图 6-25 高板位、中板位和低板位基础梁示意

2) 基础主、次梁的原位标注

(1) 注写梁端(支座)区域的底部全部纵筋包括已经集中标注过的贯通纵筋在内的所有纵筋，如图 6-26 所示。

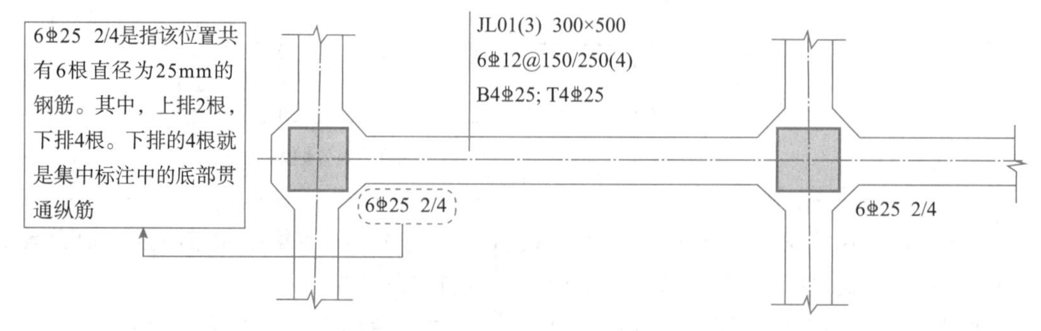

图 6-26 基础主、次梁端部(支座)区域的底部全部纵筋示意

(2) 注写基础梁的附加箍筋或(反扣)吊筋。将其直接画在平面图中的主梁上,用线引注总配筋值,如图 6-27 所示。

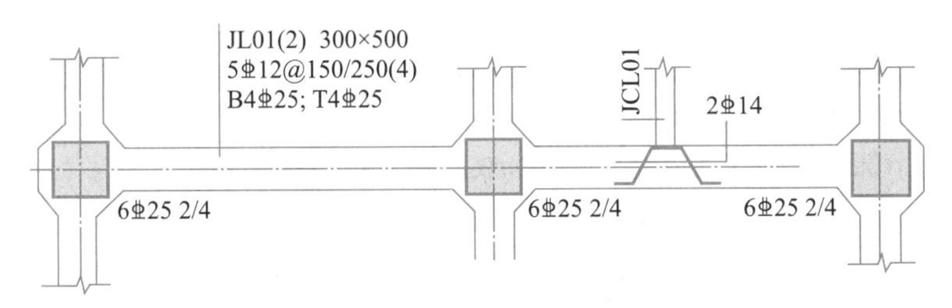

图 6-27　基础主、次梁相交处附加吊筋平法标注示例

(3) 当基础梁外伸部位变截面高度时,在该部位原位注写 $b \times h_1/h_2$,其中 h_1 为根部截面高度,h_2 为尽端截面高度。

(4) 注写修正内容。当在基础梁上集中标注的某项内容(如截面尺寸、箍筋底部与顶部贯通纵筋、梁侧面构造钢筋、梁底标高高差等)不适用于某跨或某外伸部位时,将其修正内容原位标注在该跨或该外伸部位,施工时原位标注取值优先。

基础主、次梁端部(支座)区域原位标注识图,见表 6-6。

表 6-6　基础主、次梁端部(支座)区域原位标注识图

表示方法	识　图
JL01(2) 300×500 5Φ12@150/250(4) B4Φ25; T4Φ25 6Φ25 2/4 该位置全部纵筋 6Φ25 2/4 支座两边配筋相同时 只标注在一侧 6Φ25 2/4	上下两排,上排 2Φ25 是底部非贯通纵筋,下排 4Φ25 是集中标注的底部贯通纵筋; 中间支座两边配筋相同时,只标注在侧
JL01(2) 300×500 5Φ12@150/250(4) B2Φ25; T4Φ25 2Φ25+2Φ20 两种不同直径钢筋 6Φ25 2/4 6Φ25 2/4	由两种不同直径钢筋组成,用“+”连接,其中 2Φ25 是集中标的底部贯通纵筋,2Φ20 是底部非贯通纵筋

3. 梁板式筏形基础平板 LPB 的平面注写方式

梁板式筏形基础平板 LPB 的平面注写分板底部与顶部贯通纵筋的集中标注和板底部附加非贯通纵筋的原位标注两部分内容。当仅设置贯通纵筋而未设置附加非贯通纵筋时，仅做集中标注。

1）梁板式筏形基础平板 LPB 的集中标注

LPB 的集中标注应在所表达的“板区”，双向均在第一跨的板上引出。“板区”的划分条件：板厚相同、基础平板底部与顶部贯通纵筋配置相同的区域为同一板区。

图 6-28 所示为梁板式筏基平板 LPB 的集中标注示例解读。

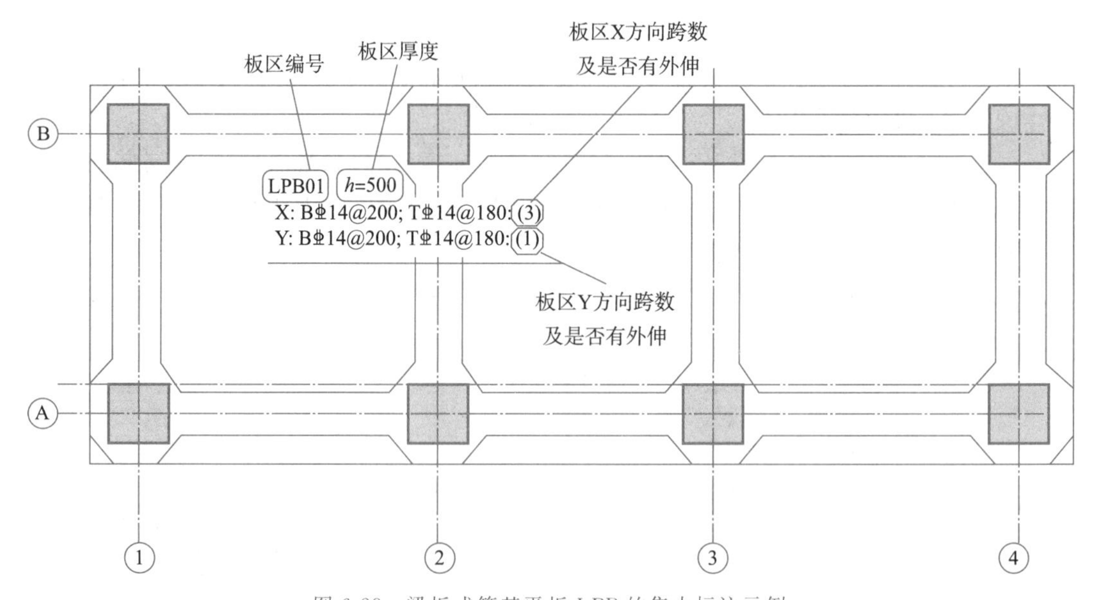

图 6-28 梁板式筏基平板 LPB 的集中标注示例

LPB“板区”的集中标注内容如下。

（1）注写基础平板的编号：见表 6-3，图 6-28 中的 LPB01。

（2）注写基础平板的截面尺寸：图 6-28 中的 $h=500$。

（3）注写基础平板的底部与顶部贯通纵筋及其总长度。

先注写 X 向底部（B 开始）贯通纵筋与顶部（T 开始）贯通纵筋及纵向长度范围；再注写 Y 向底部（B 开始）贯通纵筋与顶部（T 开始）贯通纵筋及纵向长度范围（图面从左到右为 X 向，从下到上为 Y 向）。贯通纵筋的总长度注写在括号中。

【例 6-8】 X：BΦ20@100；　　　　TΦ18@200；(4B)

　　　　　 Y：BΦ18@150；　　　　TΦ16@250；(6A)

表示基础平板 X 向底部配置 Φ20 间距 100 的贯通纵筋，顶部配置 Φ18 间距 200 的贯通纵筋，X 向总长度为 4 跨，两端有外伸；Y 向底部配置 Φ18 间距 150 的贯通纵筋，顶部配置 Φ16 间距 250 的贯通纵筋，Y 向总长度为 6 跨，一端有外伸。

2）梁板式筏形基础平板 LPB 的原位标注

LPB 的原位标注主要表达板底部附加非贯通纵筋。

图 6-29 所示为梁板式筏基平板 LPB 的原位标注示例解读。

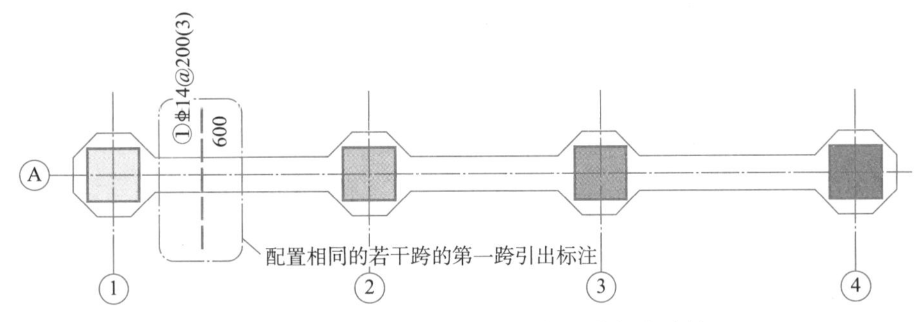

图 6-29 梁板式筏基平板 LPB 的原位标注示例

(1) 原位注写位置及内容。板底部原位标注的附加非贯通纵筋应在配置相同跨的第一跨表达(当在基础梁外伸部位单独配置时则在原位注写)。配置相同跨的第一跨,垂直于基础梁绘制一段中粗虚线(当该筋通长设置在外伸部位或短跨板下部时,应画至对边或贯通短跨),在虚线上注写编号(如①、②等)、配筋值、横向布置的跨数及是否布置到外伸部位。

(2) 板底部附加非贯通纵筋向两边跨内的伸出长度值注写在虚线的下方位置。当该筋向两侧对称伸出时,可仅在一侧标注,另一侧不标注;当布置在边梁下时,向基础平板外伸部位一侧的伸出长度与方式按标准构造,设计不标注。底部附加非贯通筋相同者,可仅标注一处,其他仅注写编号即可。

(3) 横向连续布置的跨数及是否布置到外伸部位,不受集中标注贯通纵筋的板区限制。

(4) 原位标注的底部非贯通纵筋与集中标注的底部贯通纵筋,宜采用"隔一布一"的方式布置,即要求两者的标注间距相同。

6.3.2 筏形基础标准配筋构造解读

1. 梁板式筏形基础的钢筋种类

梁板式筏形基础的基础主梁 JL、基础次梁 JCL 和基础平板 LPB 的钢筋类型见表 6-7。

表 6-7 梁板式筏形基础构件的钢筋类型

构 件	钢 筋 类 型		22G101-3 页码
基础主筋 JL	纵筋	底部贯通纵筋	第 79、80、81 页
		顶部贯通纵筋	
		梁端(支座)区域底部非贯通纵筋	
		侧边构造筋	第 82 页
	箍筋		第 80 页
	其他钢筋	附加吊筋	第 79 页
		附加箍筋	
		加腋筋	第 80 页

续表

构件	钢筋类型		22G101-3 页码
基础次梁 JCL	纵筋	底部贯通纵筋	第 85 页
		顶部贯通纵筋	
		梁端（支座）区域底部非贯通纵筋	
	箍筋		第 86 页
	其他钢筋	加腋筋	第 86 页
基础平板 LPB	底部贯通纵筋		第 88、89 页
	顶部贯通纵筋		
	横跨基础梁下的板底部非贯通纵筋		

2. 基础主梁 JL 的钢筋标准构造

1）基础主梁 JL 纵向钢筋和箍筋构造

基础主梁 JL 纵向钢筋和箍筋构造（图 6-30）的解读如下。

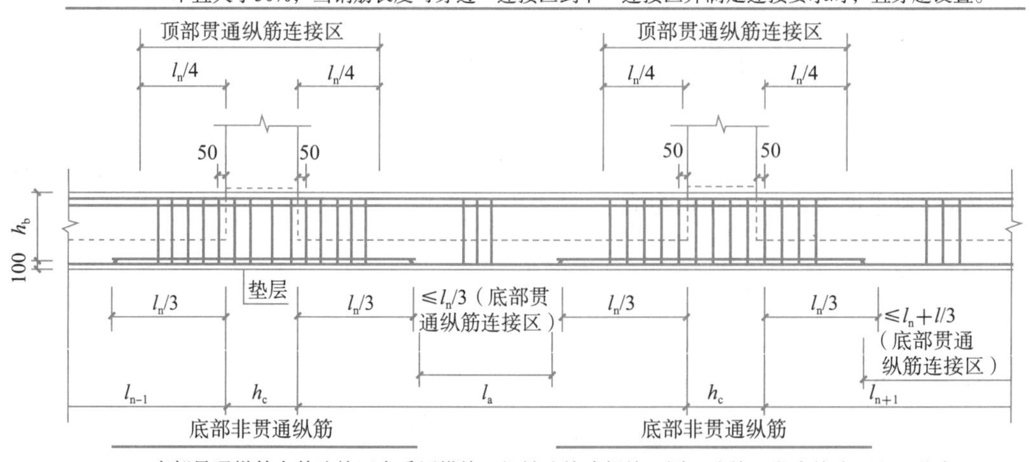

图 6-30　基础主梁 JL 纵向钢筋和箍筋构造

（1）顶部贯通纵筋连接区为柱宽加柱两侧各 $l_n/4$ 范围；底部贯通纵筋连接区为本跨跨中 $l_{ni}/3$ 范围。底部非贯通纵筋向跨内延伸长度为 $l_n/3$，其中 l_n 为左右相邻跨净长的较大值。

（2）当两毗邻跨的底部贯通纵筋配置不同时，应将配置较大一跨的底部贯通纵筋越过其标注的跨数终点或起点，伸至配置较小的毗邻跨的跨中连接区进行连接。

（3）两向交叉基础主梁柱下节点区域内的箍筋按梁端箍筋设置；基础主梁高度不同时，节点区域内的箍筋按截面高度较大的基础梁设置。同跨箍筋有两种间距时，按设计要求设置。

2）基础主梁 JL 配置两种箍筋构造

基础主梁 JL 配置两种箍筋构造（图 6-31）又称为箍筋、拉筋的排布构造。

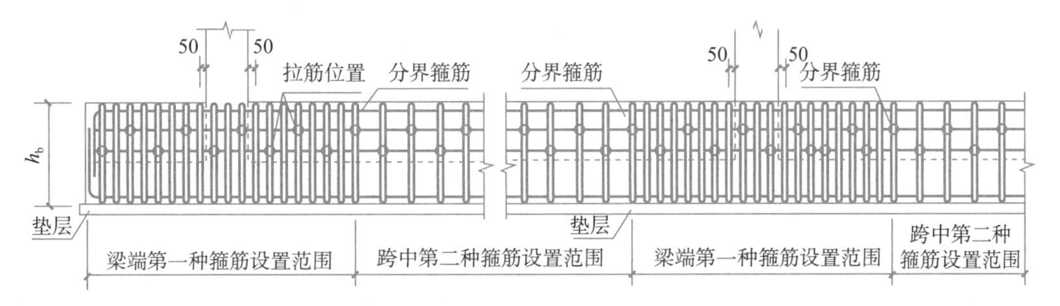

图 6-31　基础主梁箍筋和拉筋排布构造（配制两种箍筋构造）

3）基础主梁 JL 端部外伸部位钢筋排布构造

基础主梁 JL 端部外伸部位钢筋排布构造（图 6-32）的解读如下。

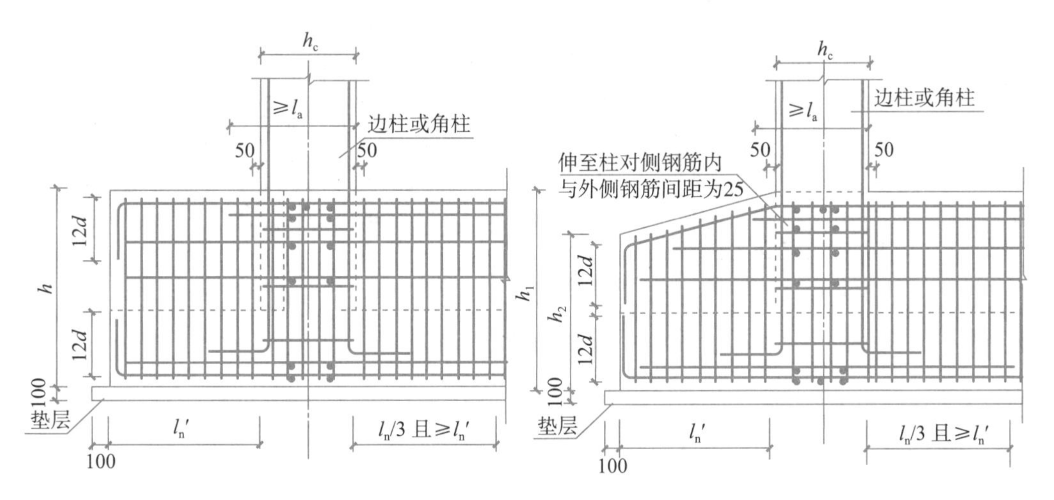

图 6-32　基础主梁 JL 端部等（变）截面外伸部位钢筋排布构造

（1）当 $l_n'+h_c \leqslant l_a$ 时，基础梁的下部钢筋应伸至端部后弯折，且从外柱内边算起水平段长度不小于 $0.4l_{ab}$，弯折长度由图中的 $12d$ 改为 $15d$。

（2）柱下节点区域内箍筋设置同梁端箍筋设置。

（3）本图节点内的梁、柱均有箍筋，施工前应组织好施工顺序，以避免梁或柱的箍筋无法放置。

（4）基础梁外伸部位的封边构造同筏形基础平板，如图 6-29 所示。

4）基础主梁 JL 端部无外伸钢筋排布构造

基础主梁 JL 端部无外伸钢筋排布构造（图 6-33）的解读如下。

（1）端部无外伸构造中基础梁底部与顶部纵筋应成对连通设置（可采用通长钢筋，或将其焊接连接后弯折成形）。成对连通后剩余底部与顶部纵筋可伸至端部弯折 $15d$（底部筋上弯，顶部筋下弯）。

（2）基础梁侧面钢筋抗扭时，自柱边开始伸入支座的锚固长度不小于 l_a，当直锚长度不够时，可向上弯折 15d。

(3) 基础梁顶部下排钢筋伸至尽端钢筋内侧后弯折 15d，当水平段长度不小于 l_a 时可不弯折；基础梁底部上排钢筋伸至尽端钢筋内侧后弯折 15d，且满足水平段长度不小于 0.4l_{ab}的要求。

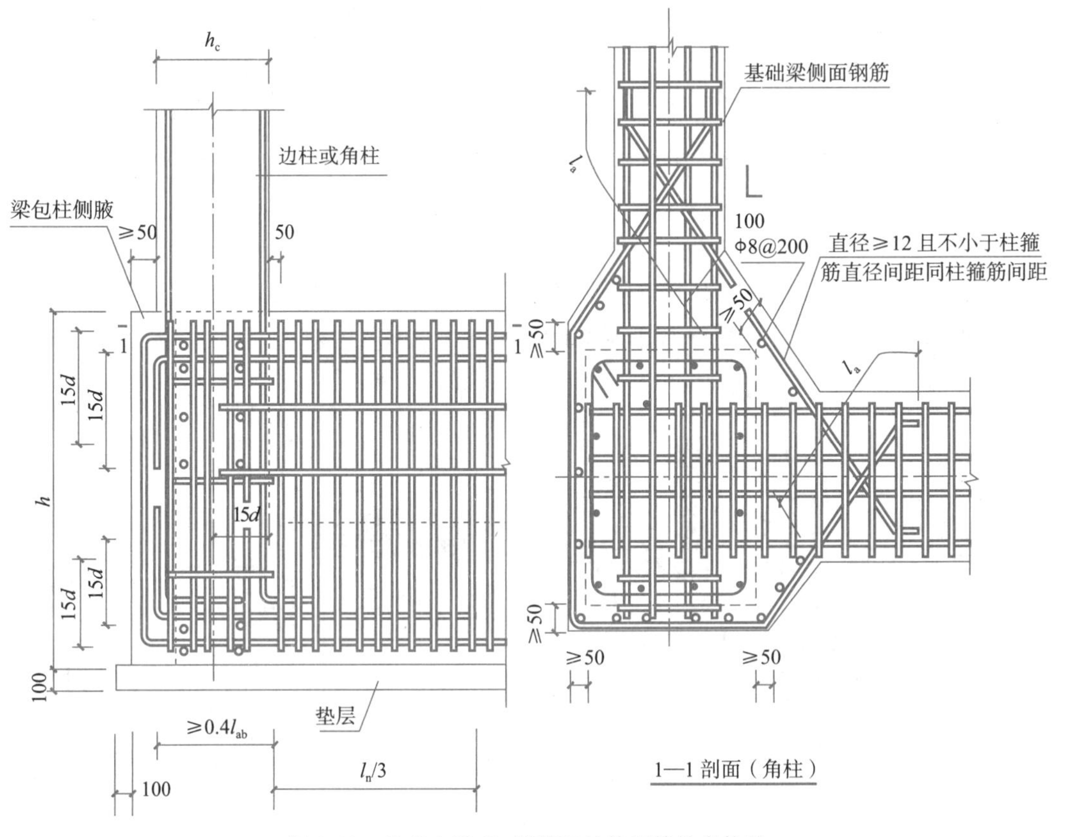

图 6-33 基础主梁 JL 端部无外伸钢筋排布构造

5) 基础次梁 JCL 纵筋与箍筋构造

基础次梁 JCL 纵筋与箍筋构造(图 6-34)的解读如下。

(1) 基础次梁顶部贯通纵筋连接区为主梁宽加主梁两侧各 l_n/4 范围，底部贯通纵筋连接区为本跨跨中 l_{ni}/3 范围，底部非贯通纵筋向跨内延伸长度为 l_n/3，其中 l_n 为左右相邻跨净长的较大值。

(2) 基础次梁端部无外伸时，端支座上部钢筋伸入支座不小于 12d 且至少到梁中线；下部钢筋伸至端部弯折 15d，且从主梁内边算起水平段长度要满足：当设计按铰接时不小于 0.35l_{ab}，当充分利用钢筋的抗拉强度时不小于 0.6l_{ab}。

(3) 基础次梁的端部等(变)截面外伸构造同基础主梁。

(4) 基础次梁的箍筋仅在跨内设置，节点区不设，第一根箍筋的起步距离为 50mm。

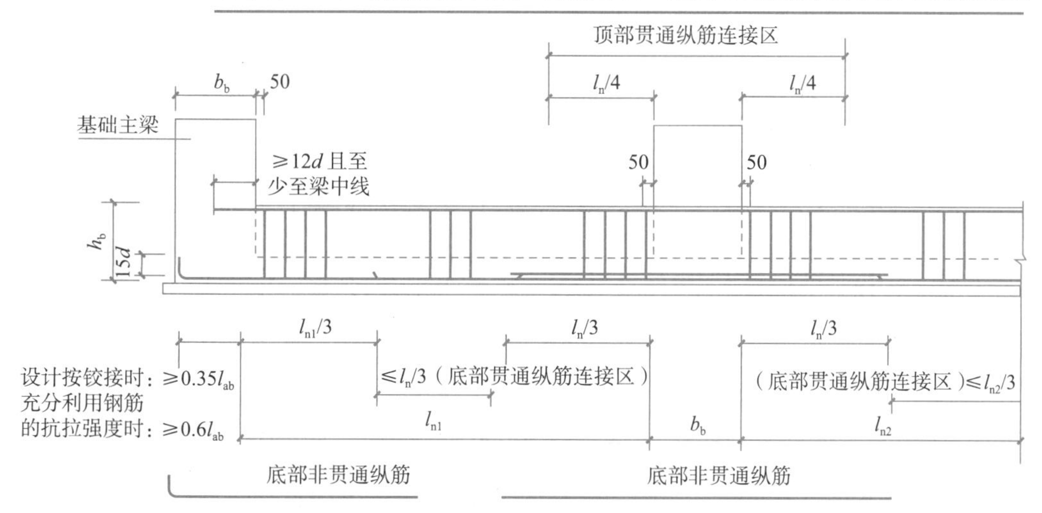

图 6-34 基础次梁 JCL 纵筋与箍筋构造

6）基础梁侧面纵筋和拉筋构造

基础梁侧面纵筋和拉筋构造(图 6-35)的解读如下。

(1) 基础梁侧面纵筋的拉筋直径除注明者外均为 8mm,间距为箍筋间距的 2 倍。多排拉筋时,上、下两排拉筋竖向错开设置。

(2) 基础梁侧面纵向构造钢筋搭接和锚固长度均为 15d;当为受扭时,搭接长度为 l_l,其锚固长度为 l_a,锚固方式同梁上部纵筋。

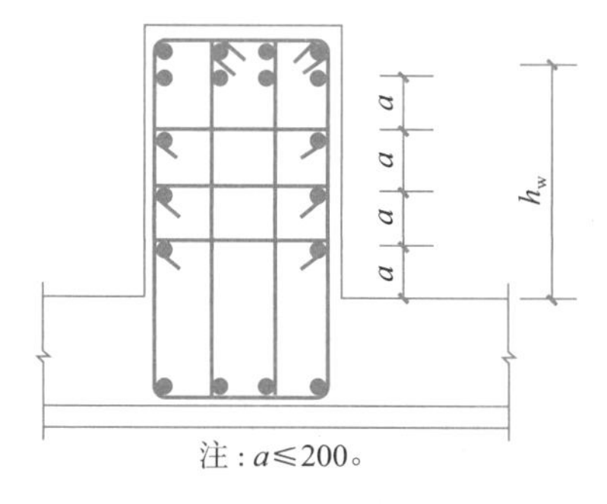

图 6-35 基础梁侧面纵筋和拉筋构造

7）基础梁附加箍筋和附加吊筋构造

基础梁附加箍筋和附加吊筋构造如图 6-36 所示。

8）梁板式筏形基础平板 LPB 钢筋构造

梁板式筏形基础平板 LPB 钢筋构造(图 6-37)的解读如下。

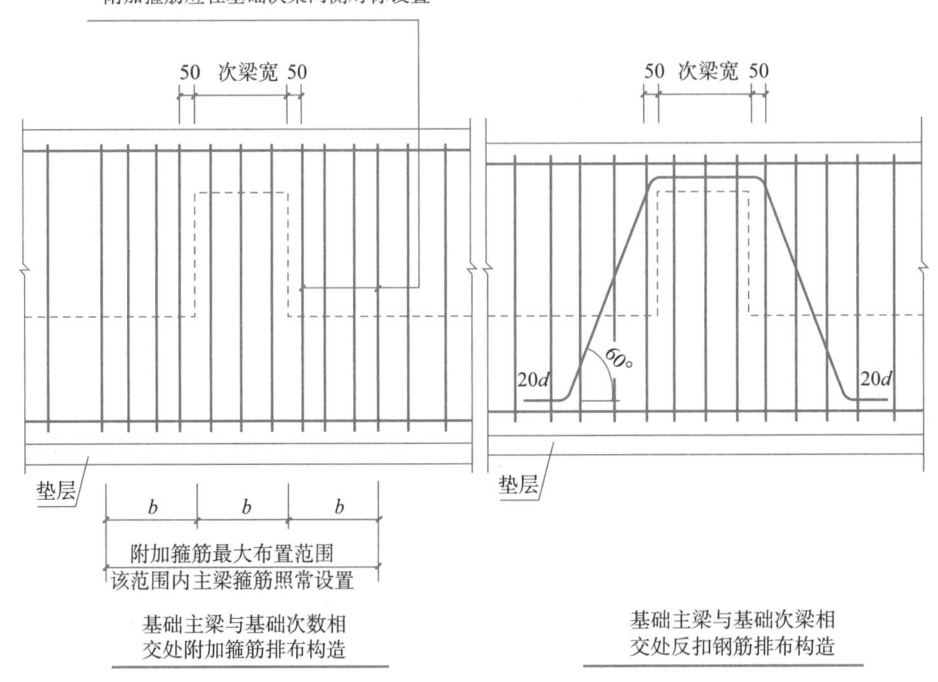

图 6-36 基础梁附加箍筋和附加吊筋构造

顶部贯通纵筋连接区内采用搭接、机械连接或焊接。同一连接区段内接头面积百分率不宜大于 50%。当钢筋长度可穿过一连接区到下一连接区并满足连接要求时，宜穿越设置。

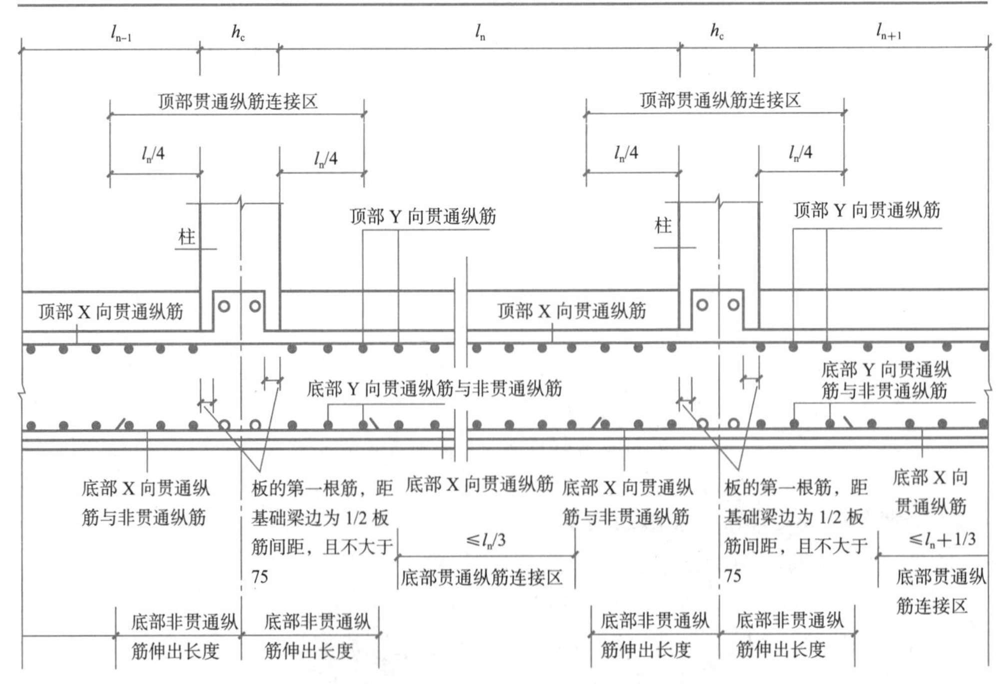

图 6-37 梁板式筏形基础板 LPB 钢筋构造（柱下区域）

(1) 顶部贯通纵筋的连接区为柱宽加柱两侧各 $l_n/4$ 范围，底部贯通纵筋连接区为本跨跨中 $l_{ni}/3$ 范围，底部非贯通纵筋向跨内延伸长度见具体设计标注。其中 l_n 为左右相邻跨净长的较大值。

(2) 基础平板上部钢筋和下部钢筋的起步距离均为距基础梁边 1/2 板筋间距且不大于 75。

(3) 本图为柱下区域的 LPB 钢筋构造，跨中区域的 LPB 构造与本图基本相同，区别是顶部贯通纵筋的连接区为基础梁宽加基础梁两侧各 $l_n/4$ 范围。

9) 梁板式筏形基础平板外伸端部钢筋排布构造

梁板式筏形基础平板外伸端部钢筋排布构造如图 6-38 所示。

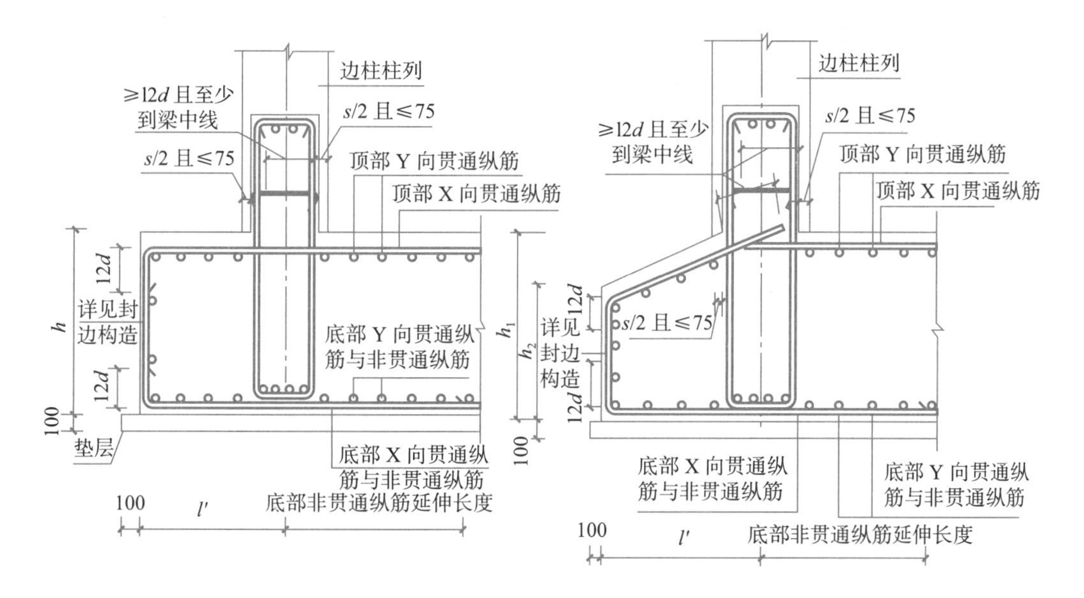

(a) 端部等截面外伸钢筋排布构造　　(b) 端部变截面外伸钢筋排布构造

图 6-38　梁板式筏形基础平板外伸端部钢筋排布构造

10) 板边缘侧面封边构造

板边缘侧面封边构造(图 6-39)的解读如下。

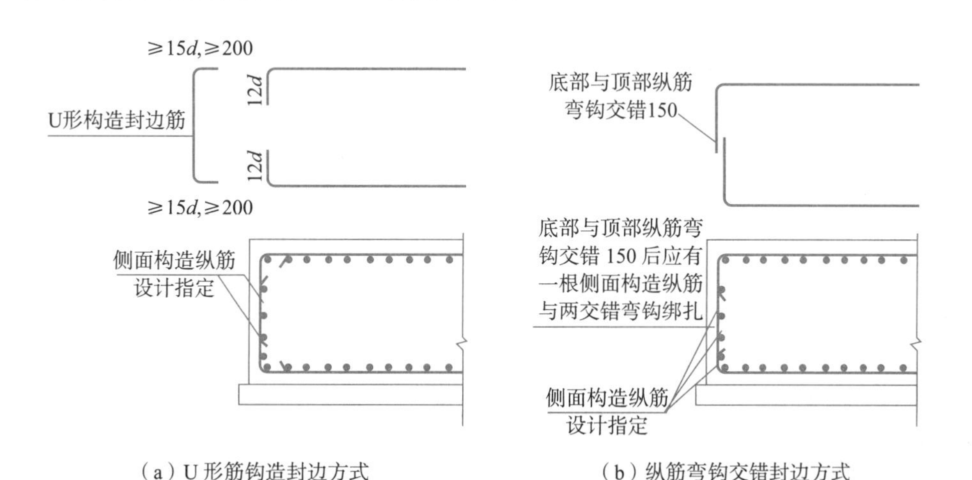

(a) U 形筋钩造封边方式　　(b) 纵筋弯钩交错封边方式

图 6-39　板边缘侧面封边构造

(1) 板边缘侧面封边构造同样用于基础梁外伸部位，采用哪种做法由设计指定。当设计未指定时，施工单位可根据实际情况任选一种做法。

(2) 外伸部位变截面时侧面构造与本图一致。

3. 筏形基础主梁平法识图

图 6-40 为筏形基础主梁的平法施工图，梁包柱侧腋见图示。已知：基础平板厚度为 300mm；板底双向钢筋直径均为 18mm；基础梁混凝土强度等级为 C30；基础保护层厚度为 40mm。试识读该基础主梁并计算主梁内的钢筋长度，最后给出钢筋材料明细表。

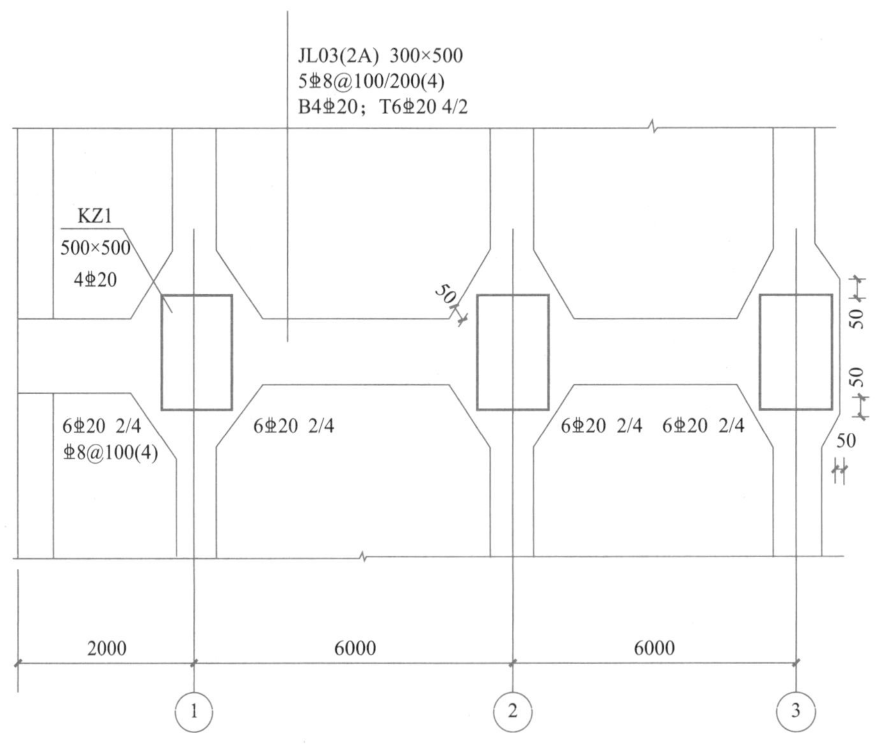

图 6-40　基础主梁 JL03 平法施工图

1) 基础主梁 JL03 的图面内容解读

基础主梁 JL03 的集中标注和原位标注内容解读，本例略。请读者根据前面的讲解，练习完成此步骤。

2) 图中隐含内容的解读

识读基础梁平法施工图时，应特别注意图中隐含内容的解读。例如，该基础梁集中标注中无"基础梁底面标高高差"这一项，说明基础梁的底面标高与筏形基础平板的底面标高一致，即前面讲到的"底板位"基础梁。

3) 根据基础梁平法施工图直接绘制关键部位的钢筋剖面简图

将集中标注中的上部、下部贯通纵筋及省略未标注的钢筋，一起分别原位注写到梁的相应部位(图 6-41 中矩形框内的钢筋)并给出关键部位剖面索引，如图 6-41 所示。绘制的钢筋剖面 1—1、2—2 和 3—3 如图 6-41 下方的钢筋简图。

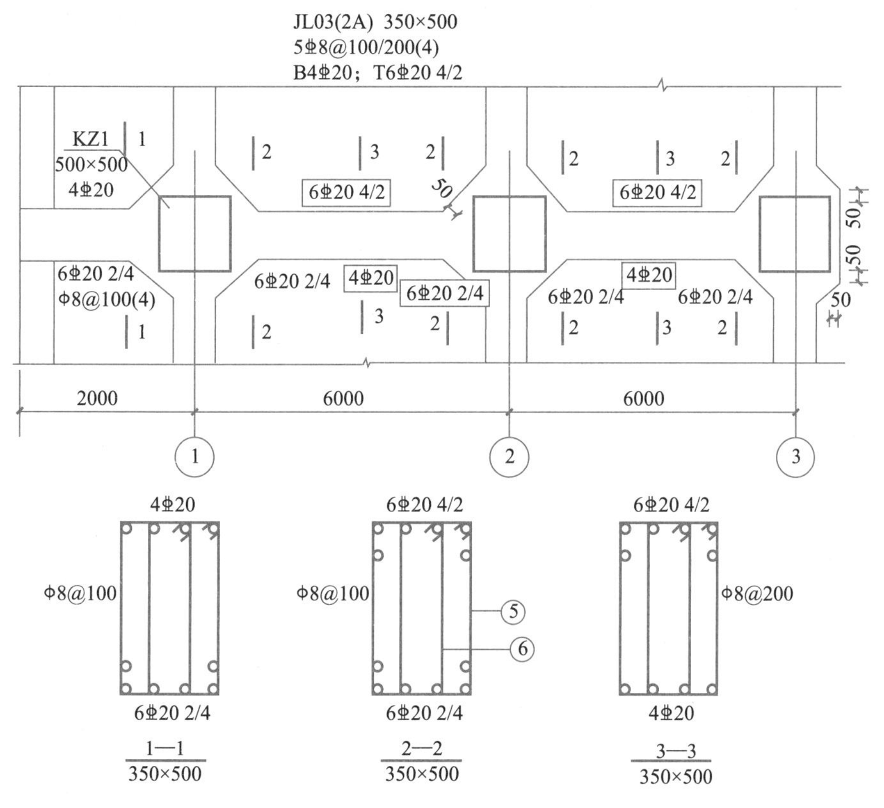

图 6-41　根据基础梁平法施工图直接绘制关键部位的钢筋剖面简图

小　结

本项目简单介绍了基础的构造形式，并详细介绍了独立基础和筏形基础的平法制图规则和标准配筋构造。

学习笔记

能力训练

1. 独立基础有几种类型？代号是什么？

2. 梁板式筏形基础包含几种构件？代号分别为什么？

3. 单柱独立基础的底板配筋构造有几种？

项目7 楼梯平法施工图识读

教学目标

1. 掌握板式楼梯的平法分类、配筋构造及平法制图规则的含义。
2. 熟悉板式楼梯的平面注写内容和配筋构造。
3. 熟悉板式楼梯钢筋构造。

任务驱动

图7-1为BT型楼梯平法施工图平面注写实例。通过以往所学相关知识和对本项目的学习，能够读懂图中所表达的含义及平面注写的数字和符号的含义，最终达到识读平板楼梯平法施工图的目的。

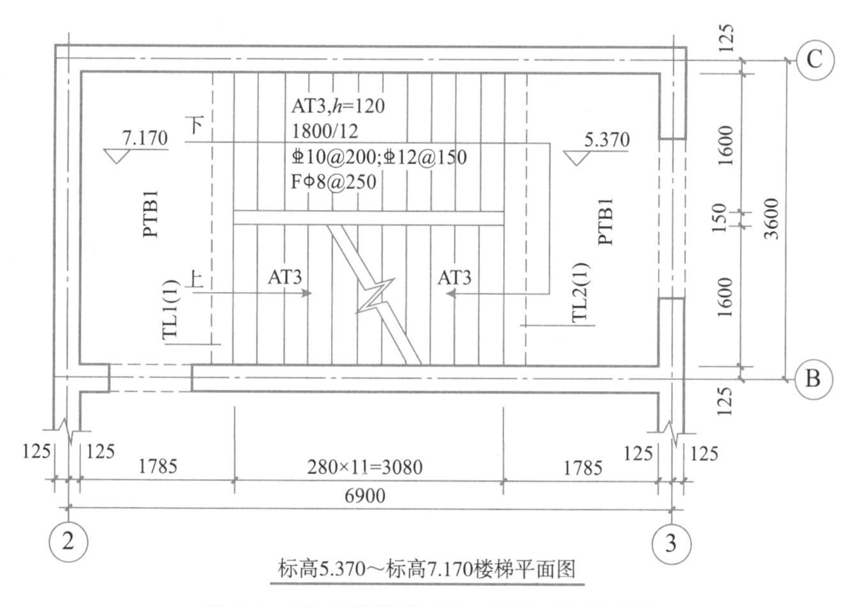

图7-1 BT型楼梯平法施工图平面注写示例

任务7.1 板式楼梯和梁板式楼梯简介

楼梯由楼梯段、楼梯平台、栏杆和扶手组成。由混凝土板直接浇注而成，其梯段踏步板直接支撑在两端的楼梯梁上为板式楼梯。梁板式楼梯是在楼梯板下有梁的板式楼梯，梯段踏步板直接搁置在斜梁上，斜梁搁置在梯段两端的楼梯梁上。现浇混凝土板式楼梯平法施工图有平法注写、剖面注写和列表注写三种表达方式。

1. 楼梯的分类

楼梯按位置不同可分为室内楼梯和室外楼梯；按施工方式不同可分为现浇和预制；按使用性质不同可分为主要楼梯、辅助楼梯、安全楼梯（太平梯）和防火楼梯等；按材料不同可分为钢楼梯、钢筋混凝土楼梯、木楼梯、钢与混凝土混合楼梯等；按形式不同可分为直上楼梯、曲尺楼梯、双折楼梯（又称转弯楼梯、双跑楼梯、平行楼梯）、三折楼梯、弧形楼梯、螺旋形楼梯、有中柱的盘旋形楼梯、剪刀式楼梯和交叉楼梯等；根据梯跑结构形式不同可分为梁板式楼梯、板式楼梯、悬挑楼梯和旋转楼梯等。

2. 板式楼梯的构件组成

以一个楼梯间所包含的构件为例，一个完整的现浇钢筋混凝土板式楼梯主要有踏步板（TB）、平台梁 PTL（层间平台梁和楼层平台梁）和平台板（PTB）（层间平台板和楼层平台板）等，如图 7-2 所示。

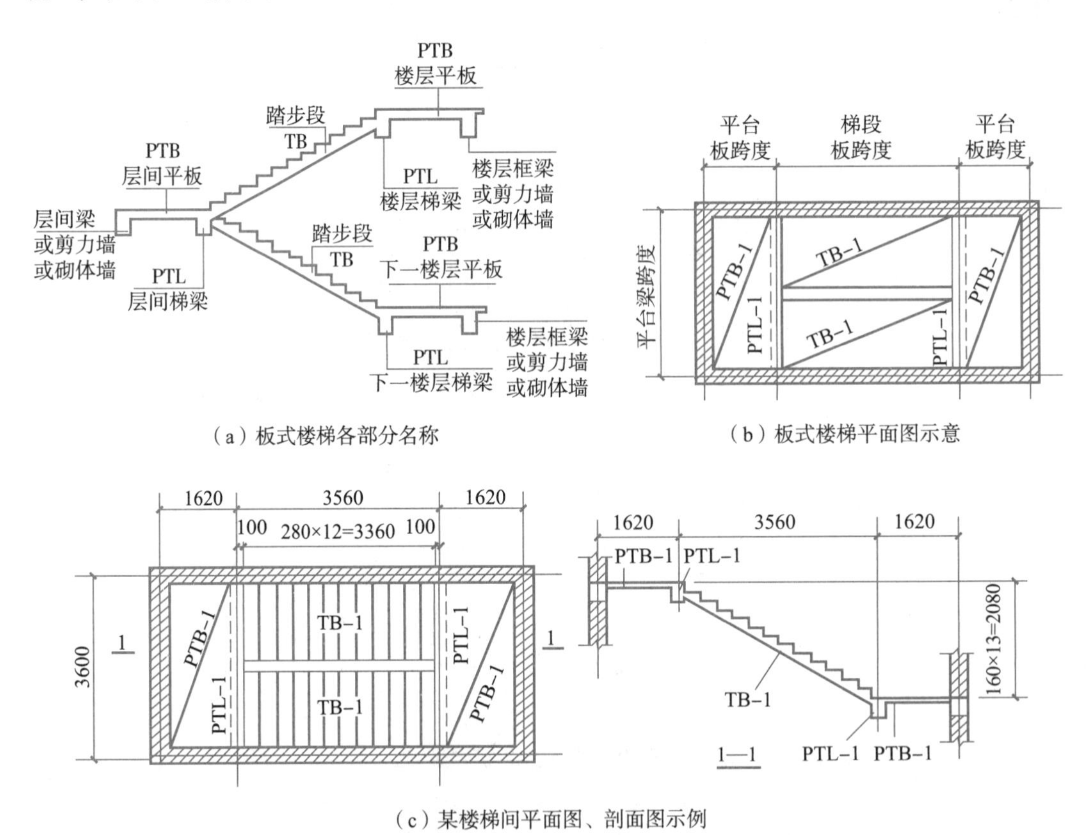

（c）某楼梯间平面图、剖面图示例

图 7-2 板式楼梯的构件组成

3. 梁板式楼梯的构件组成

以一个楼梯间所包含的构件为例，一个完整的现浇钢筋混凝土梁板式楼梯（或梁式楼梯）主要有踏步板（TB）、梯段梁（TL）、平台板（PTB）和平台梁（PTL）等，如图 7-3 所示。

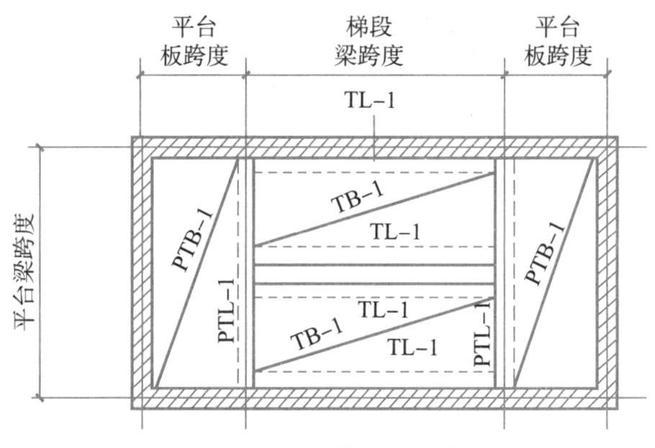

(a) 梁板式楼梯平面图示例

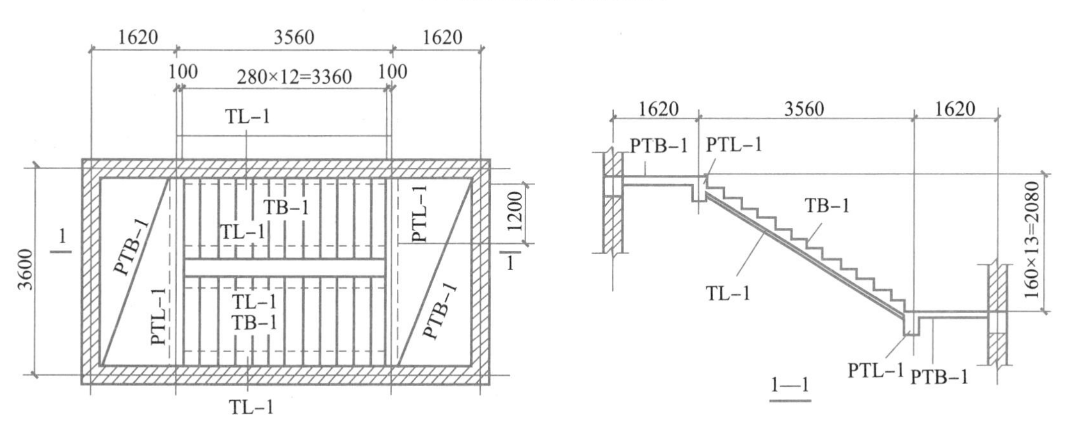

(b) 某楼梯间平面图、剖面图示例

图 7-3 梁板式楼梯的构件组成

4. 平法施工图中板式楼梯的分类

根据梯板的截面形状和支座位置的不同，平法楼梯包含了 12 种类型，见表 7-1。下面仅介绍 AT～DT 型板式楼梯特征，其余类型见图集 22G101-2 中的相关内容。

1) AT～DT 型板式楼梯截面形状与支座位置

AT～DT 型板式楼梯截面形状与支座位置示意如图 7-4 所示。

表 7-1 楼梯类型

梯板代号	适 用 范 围		是否参与结构整体抗震计算
	抗震构造措施	适用结构	
AT	无	剪力墙、砌体结构	不参与
BT			
CT	无	剪力墙、砌体结构	不参与
DT			
ET	无	剪力墙、砌体结构	不参与
FT			

续表

梯板代号	适用范围		是否参与结构整体抗震计算
	抗震构造措施	适用结构	
GT	无	剪力墙、砌体结构	不参与
Ata	有	框架结构、框剪结构中框架部分	不参与
ATb			不参与
ATc			参与
CTa	有	框架结构、框剪结构中框架部分	不参与
CTb			不参与

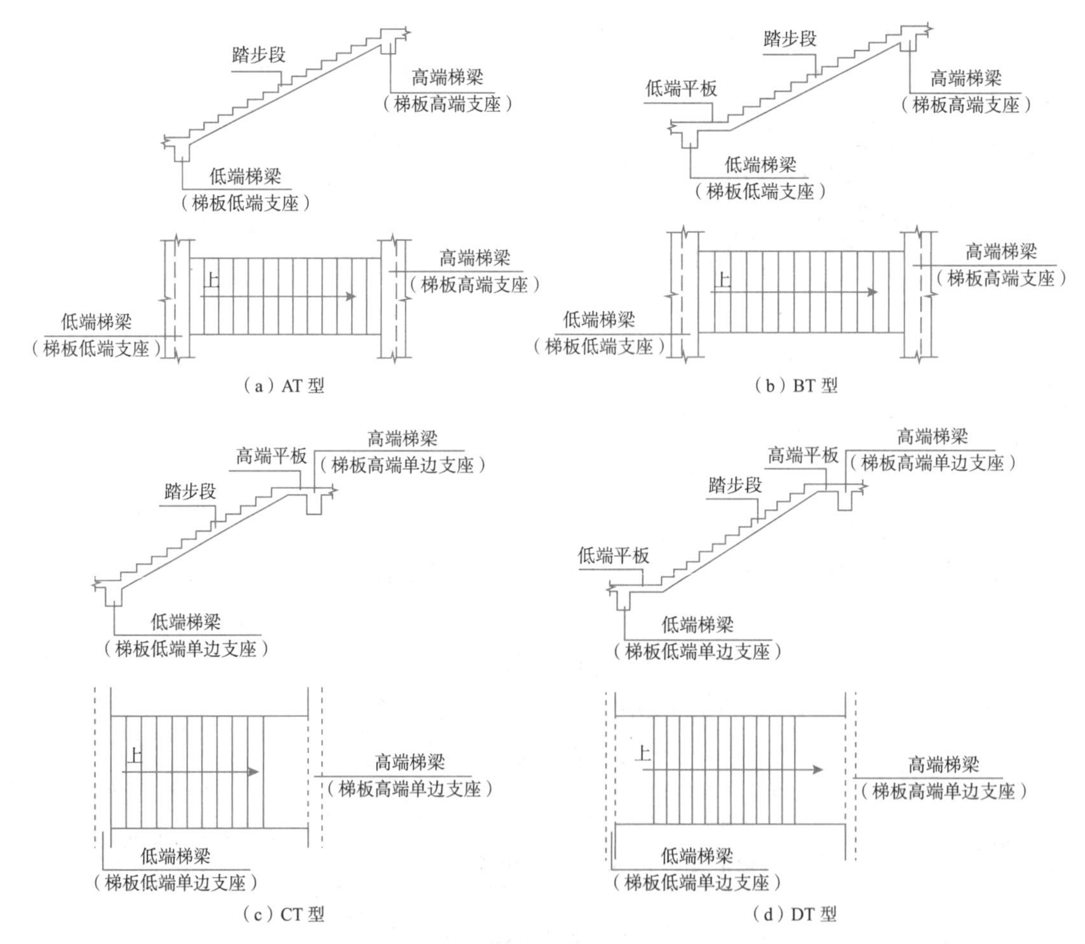

图 7-4　AT～DT 型板式楼梯截面形状与支座位置示意

2）AT～ET 型板式楼梯的特征

AT～ET 型板式楼梯具备以下特征。

(1) AT～ET 型板式楼梯代号代表一段带上、下支座的梯板。梯板的主体为踏步段，除踏步段之外，梯板可包括低端平板、高端平板以及中位平板。

(2) AT～ET 各型梯板具有特定的剖切面形状，如 AT 型梯板全部由踏步段构成，BT 型梯板由低端平板和踏步段构成，CT 型梯板由踏步段和高端平板构成；DT 型梯板由低端平板、踏步段和高端平板构成；ET 型梯板由低端踏步段、中位平板和高端踏步段构成。

(3) AT～ET 各型梯板的两端分别以低端和高端的梯梁为支座。

(4) AT～ET 各型梯板的型号，板厚，上、下部纵筋及分布钢筋等内容由设计者在平法施工图中注明。梯板上部纵筋向跨内伸出的水平投影长度见相应的标准构造详图，设计不注，但设计者应予以校核；当标准构造详图规定的水平投影长度不满足具体工程要求时，应由设计者另行注明。

任务 7.2 解读板式楼梯平法制图规则与标准配筋构造

板式楼梯平法施工图有平面注写、剖面注写和列表注写三种表达方式，设计者可根据工程具体情况任选一种。图 7-1 采用平面注写方式表达的楼梯平法施工图。

梯板的表达方式，与楼梯相关的梯柱、梯梁及平台板的平法注写方式分别按对应内容执行，本任务不再赘述。

1. 楼梯平面布置图

楼梯平面布置图应按照楼梯标准层采用适当比例集中绘制，或按标准层与相应标准层的梁平法施工图一起绘制在同一张图上(梁平法施工图详见项目 3)。

为方便施工，在集中绘制的板式楼梯平法施工图中，宜注明各结构层的楼面标高、结构层高及相应的结构层号。

2. 楼梯的平面注写方式

平面注写方式采用在楼梯平面布置图上注写截面尺寸和配筋具体数值的方式来表达楼梯施工图。平面注写的内容包括集中标注和外围标注。

1) 集中标注的内容

集中标注的内容有 5 项，具体规定如下。

(1) 梯板类型代号与序号：如 AT1、AT2、AT3、AT4……。

(2) 梯板厚度：注写为 h＝××，当为带平板的梯板且梯段板厚度和平板厚度不同时，可在梯段板厚度后面的括号内以字母 P 打头注写平板厚度。

【例 7-1】 h＝120(P160)，表示梯段板厚度为 120mm，梯板平板段厚度为 160mm。

(3) 踏步段总高度和踏步级数：之间以“/”分隔。

(4) 梯板支座上部纵筋、下部纵筋：之间以“；”分隔。

(5) 梯板分布筋：以 F 打头注写分布钢筋具体值，该项也可在图中统一说明。

【例 7-2】 平面图中梯板类型及配筋的完整标注示例如下(AT 型)。

AT2，h＝120　　梯板类型及编号，梯板板厚

1950/13　　踏步段总高度/踏步级数

Φ12@200；Φ14@150　　上部纵筋；下部纵筋

FΦ8@250　　梯板分布筋(可统一说明)

2）外围标注的内容

楼梯外围标注的内容包括楼梯间的平面尺寸、楼层结构标高、层间结构标高、楼梯的上下方向、梯板的平面几何尺寸、平台板配筋、梯梁及梯柱配筋等。

3. 楼梯的剖面注写方式

剖面注写方式需在楼梯平法施工图中绘制楼梯平面布置图和楼梯剖面图，注写方式分平面注写和剖面注写两部分。

1）楼梯平面布置图注写内容

楼梯平面布置图注写内容包括楼梯间的平面尺寸、楼层结构标高、层间结构标高、楼梯上下方向、梯板的平面几何尺寸、梯板类型及编号、平台板配筋、梯梁及梯柱配筋等。

2）楼梯剖面图注写内容

楼梯剖面图注写内容包括梯板集中标注、梯梁梯柱编号、梯板水平及竖向尺寸、楼层结构标高、层间结构标高等。其中，梯板集中标注的内容有 4 项，具体规定如下。

（1）梯板类型及编号：如 AT××。

（2）梯板厚度：注写为 h＝××，当梯板由踏步段和平板构成，且踏步梯段板厚度和平板厚度不同时，可在梯段板厚度后面的括号内以字母 P 打头注写平板厚度。

（3）梯板配筋：注明梯板上部纵筋和梯板下部纵筋，用分号（;）将上部纵筋与下部纵筋的配筋值分隔开来。

（4）梯板分布筋：以 F 打头注写分布筋具体值，该项也可在图中统一说明。

【例 7-3】 剖面图中梯板配筋的完整标注示例如下（AT 型）。

AT3，h＝110　　梯板类型及编号，梯板板厚

⏀12@200;⏀14@150　　上部纵筋；下部纵筋

F⏀8@250　　梯板分布筋（可统一说明）

4. 楼梯的列表注写方式

楼梯的列表注写方式是用列表注写梯板截面尺寸和配筋具体数值的方式来表达楼梯施工图。

列表注写方式的具体要求同剖面注写方式，仅将剖面注写方式中梯板配筋注写项改为列表注写项即可。梯板列表格式见表 7-2。

表 7-2　楼板列表

梯板类型编号	踏步高度/踏步级数	板厚 h	上部纵筋	下部纵筋	分布篇
AT1	1480/9	100	⏀10@200	⏀12@200	⏀8@250
CT1	1480/9	140	⏀10@150	⏀12@120	⏀8@250
CT2	1320/8	100	⏀10@200	⏀12@200	⏀8@250

5. AT 型楼梯平面注写和标准配筋构造

1）AT 型楼梯的适用条件

两梯梁之间的一跑矩形梯板全部由踏步段构成，即踏步段两端均以梯梁为支座。凡是满足该条件的楼梯均归为 AT 型，如平行双跑楼梯、平行双分楼梯、交叉楼梯和剪刀楼梯等。

2）AT 型楼梯平面注写方式

AT 型楼梯平面注写方式如图 7-5 所示。

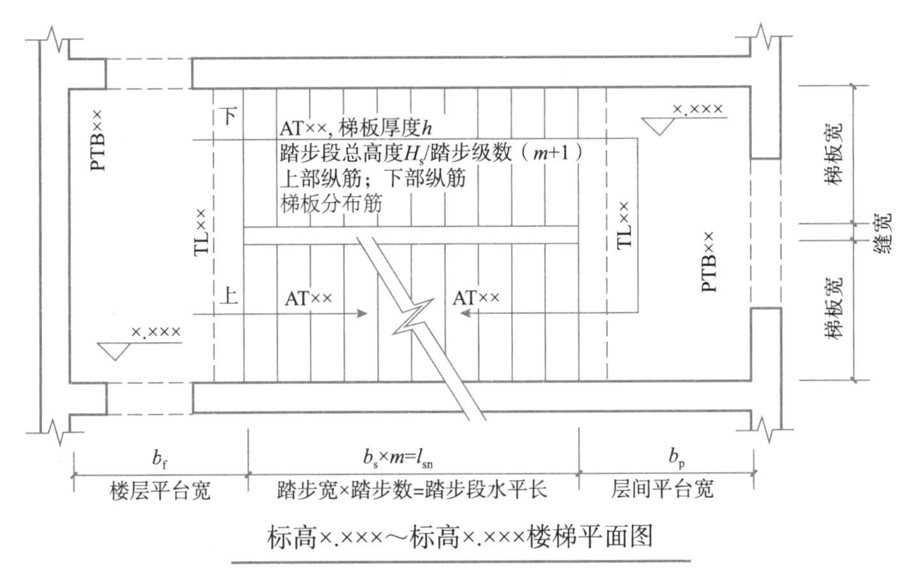

图 7-5　AT 型楼梯平面注写方式

其中，集中注写的内容有 5 项，第 1 项为梯板类型代号与序号 AT××，第 2 项为梯板厚度 h，第 3 项为踏步段总高度 H_s/踏步级数($m+1$)，第 4 项为上部纵筋和下部纵筋，第 5 项为梯板的分布钢筋(可直接标注，也可统一说明)。

6. AT 型楼梯平面注写实例解读

【例 7-4】 图 7-6 为 AT3 楼梯平法施工图设计实例，从图中能读出哪些内容？

平面注写方式包括集中标注和外围标注。

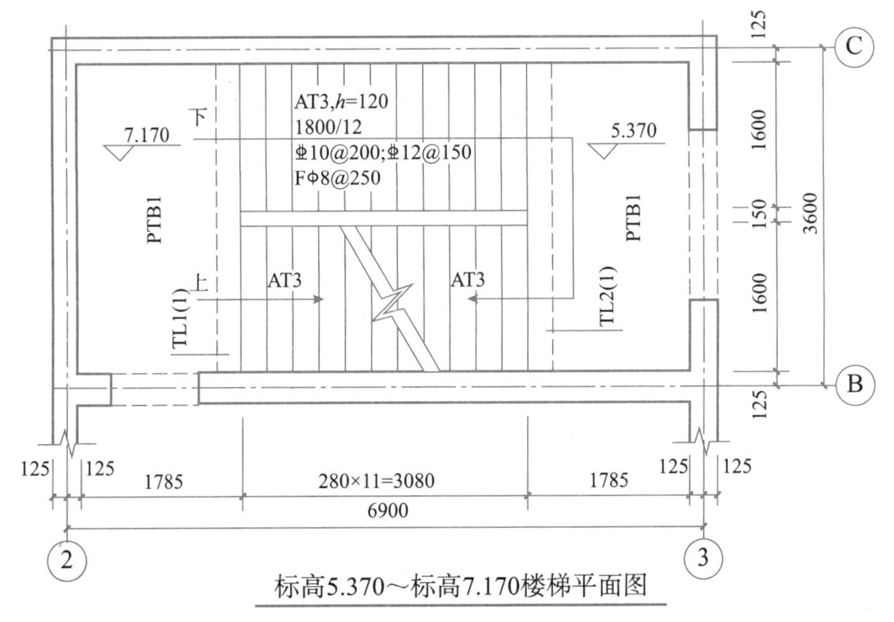

图 7-6　AT3 楼梯平法施工图(平面注写方式)设计实例

图中集中标注有 5 项内容：第一项为梯板类型代号与序号 AT3；第二项为梯板厚度 h=120mm；第三项为踏步段总高度 H_s=1800mm，踏步数为 12 级（步）；第四项为梯板上部纵筋为 ⌀10@200，下部纵筋为 ⌀12@150；第五项为梯板的分布筋为 ф8@250。

外围标注的内容：楼梯间的平面尺寸开间为 3600(1600×2+125×2+150)mm，进深为 6900(1785×2+3080+125×2)mm；楼层平台的结构标高为 5.370m；层间平台的结构标高为 3.570m；梯板的平面几何尺寸梯段宽为 1600mm；梯段的水平投影长度为 3080mm；梯井宽为 150mm；楼层和层间平台宽均为 1785mm；墙厚为 250mm；楼梯的上、下方向剪头。图中楼层和层间平台板、梯梁、梯柱的配筋注写内容略。

7. AT 型楼梯的标准配筋构造

AT 型楼梯板配筋构造见 22G101-2 第 28 页。

8. BT 型楼梯平面注写和标准配筋构造

1）BT 型楼梯的适用条件

两梯梁之间的一跑矩形梯板由低端平台板和踏步段构成，两部分的一端各自以梯梁为支座。凡是满足该条件的楼梯均归为 BT 型，如平行双跑楼梯（图 7-7）、双分平行双分楼梯和剪刀楼梯等。

2）BT 型楼梯平面注写方式

BT 型楼梯平面注写方式如图 7-7 所示。

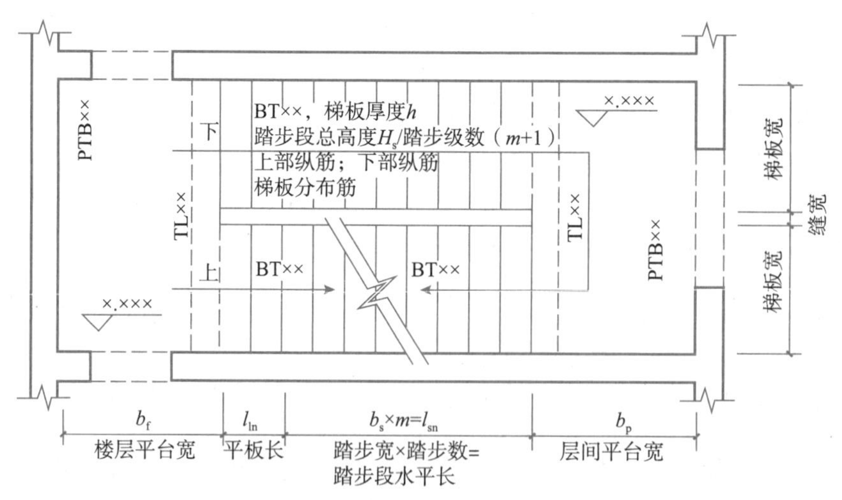

图 7-7　BT 型楼梯平面注写方式

其中，集中注写的内容有 5 项，第一项为梯板类型代号与序号 BT××，第二项为梯板厚度 h，第三项为踏步段总高度 H_s/踏步级数($m+1$)，第四项为上部纵筋和下部纵筋，第五项为梯板的分布钢筋（可直接标注，也可统一说明）。

9. BT 型楼梯平面注写实例解读

【例 7-5】　图 7-8 为 BT3 楼梯平法施工图设计实例，从图中能读出哪些内容？

平面注写方式包括集中标注和外围标注。

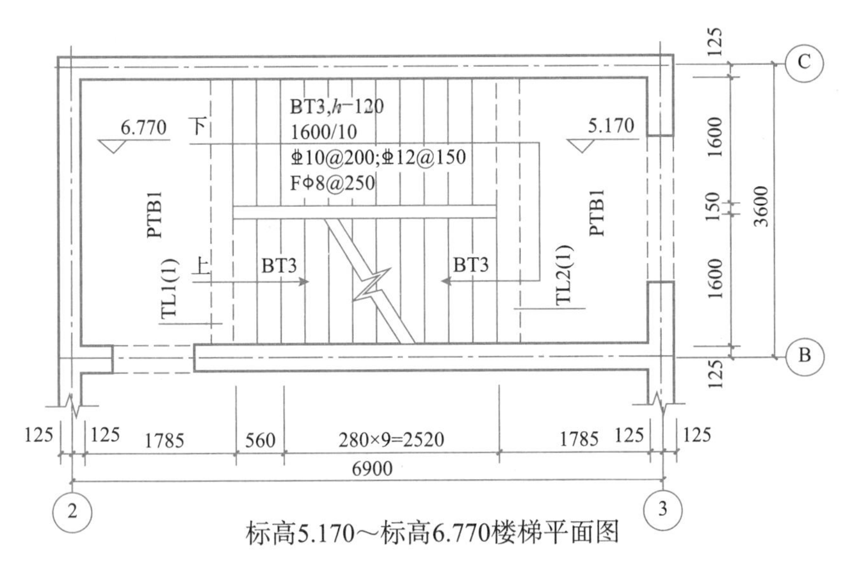

标高5.170～标高6.770楼梯平面图

图 7-8　BT3 楼梯平法施工图(平面注写方式)设计实例

图中集中标注有 5 项内容:第一项为梯板类型代号与序号 BT3,第二项为梯板厚度 h＝120mm,第三项为踏步段总高度 H_s＝1600mm,踏步数为 10 级(步),第四项为梯板上部纵筋为 Φ10@200,下部纵筋为 Φ12@150,第五项为梯板的分布筋为 Φ8@250。

外围标注的内容:楼梯间的平面尺寸开间为 3600(1600×2＋125×2＋150)mm,进深为 6900(1785×2＋3080＋125×2)mm;楼层平台的结构标高为 6.770m;层间平台的结构标高为 5.170m;梯板的平面几何尺寸梯段宽为 1600mm,梯段的水平投影长度为 3520mm;梯井宽为 150mm;楼层和层间平台宽均为 1785mm;墙厚为 250mm;楼梯的上、下方向箭头。图中楼层和层间平台板、梯梁、梯柱的配筋的注写内容略。

10. BT 型楼梯的标准配筋构造

BT 型楼梯板配筋构造见 22G101-2 第 30 页。

小　结

本项目讲述了板式楼梯平法施工图识图的基本方法。首先概述了板式楼梯的构件组成和分类,其次简要说明了板式楼梯平法施工图的表示方法,最后详细介绍了 AT 型楼梯的平面注写和标准配筋构造。

学习笔记

能力训练

1. 板式楼梯和梁板式楼梯各由哪些构件组成？两者有何不同？

2. 什么是板式楼梯的厚度？

3. 现浇混凝土板式楼梯平法施工图有哪 3 种表达方式？

4. 板式楼梯的平面注写方式包括哪两种标注方式？

5. 楼梯的剖面注写方式包括哪些内容？

6. 楼梯的列表注写方式包括哪些内容？

7. AT 型楼梯的适用条件是什么？

8. AT 型楼梯的平面注写包括哪些内容？

参考文献

[1] 中华人民共和国住房和城乡建设部.混凝土结构设计规范:GB 50010—2010[S].北京:中国建筑工业出版社,2015.

[2] 中华人民共和国住房和城乡建设部.建筑结构制图标准:GB/T 50105—2010[S].北京:中国建筑工业出版社,2011.

[3] 中国建筑标准设计研究院.国家建筑标准设计图集:22G101-1 混凝土结构施工图平面整体表示方法制图规则和构造详图(现浇混凝土框架、剪力墙、梁、板)[M].北京:中国标准出版社,2022.

[4] 中国建筑标准设计研究院.国家建筑标准设计图集:22G101-2 混凝土结构施工图平面整体表示方法制图规则和构造详图(现浇混凝土板式楼梯)[M].北京:中国标准出版社,2022.

[5] 中国建筑标准设计研究院.国家建筑标准设计图集:22G101-3 混凝土结构施工图平面整体表示方法制图规则和构造详图(独立基础、条形基础、筏形基础、桩基础)[M].北京:中国标准出版社,2022.

[6] 夏玲涛、邬京虹.施工图识读[M].北京:高等教育出版社,2017.

[7] 陈青来.钢筋混凝土结构平法设计与施工规则[M].北京:中国建筑工业出版社,2018.